国家自然科学基金项目·物流与供应链管理系列丛书

基于室内定位服务的
弹性物料搬运系统设计研究

戴 宾 著

国家自然科学基金资助项目（编号：71301122，71671133）

科 学 出 版 社

北 京

内 容 简 介

"大规模定制""个性化需求""工业4.0""电子商务"等都离不开弹性物料搬运系统,而室内定位服务系统可以显著地改善传统的自动化物流搬运系统的运营绩效和经济绩效。本书的主要贡献包括:第一,设计了一个基于室内定位服务的无轨弹性物料搬运系统;第二,提出一个方法体系来评价该弹性物料搬运系统的运营与经济绩效;第三,在考虑不确定感应的条件下,研究了室内定位系统的关键问题,即定位传感器的布局问题;第四,分析在不同应用环境下,定位传感器的布局设计。本书主要以个性化需求盛行的服装制造业以及快速发展的电子商务为背景来研究上述问题,提出工业界和学术界所关心的相关问题,并尝试回答一部分问题。

本书可作为相关专业的大学生和研究生的学习用书,也可作为部分企业管理与技术人员、学术研究人员的参考用书。

图书在版编目(CIP)数据

基于室内定位服务的弹性物料搬运系统设计研究 / 戴宾著. —北京:科学出版社,2016.12

ISBN 978-7-03-050587-3

Ⅰ. ①基… Ⅱ. ①戴… Ⅲ. ①物料输送系统-系统设计-研究 Ⅳ. ①TH165

中国版本图书馆 CIP 数据核字(2016)第 271131 号

责任编辑:徐 倩 / 责任校对:赵桂芬
责任印制:徐晓晨 / 封面设计:无极书装

科 学 出 版 社 出版
北京东黄城根北街 16 号
邮政编码:100717
http://www.sciencep.com

北京京华虎彩印刷有限公司 印刷
科学出版社发行 各地新华书店经销
*
2016 年 12 月第 一 版 开本:720×1000 B5
2016 年 12 月第一次印刷 印张:10 1/4
字数:207 000
定价:60.00 元
(如有印装质量问题,我社负责调换)

作者简介

戴宾，湖南邵阳人，香港科技大学工业工程与物流管理方向博士、武汉大学经济与管理学院副教授，在供应链和物流管理、技术运营管理和环境运营管理等领域有所研究。目前主持国家自然科学基金项目 2 项（青年项目和面上项目各 1 项）、省部级项目 4 项。在 *IIETransactions*、*International Journal of Production Economics*、*International Journal of Production Research*、*Robotics and Autonomous Systems*、*International Journal of Advanced Manufacturing Technology*、《系统工程理论与实践》、《中国管理科学》、《管理学报》等国内外重要期刊上发表论文 10 余篇。在 Springer 出版社出版专著章节 1 部。入选湖北省"楚天学者"计划和武汉大学经济与管理学院第一届"珞珈领秀人才"计划。获国际《工业工程师》杂志 Feature article 奖 1 项，中国管理学年会优秀论文奖 1 项。

前　　言

　　本书选题来自国家自然科学基金项目"不确定感应条件下定位传感器布局问题研究"的应用推广。

　　进入 21 世纪以来，随着人们生活水平的提高，顾客的个性化需求变得日益普遍。因此，如何提高制造业的弹性、为制造商确定最优的弹性制造系统，以期减少企业与生产相关的成本和不确定性，优化企业的资源配置，满足市场上顾客的多样化需求，最终提升企业实力，获取竞争优势，成为企业面临的一个重要挑战。同时，随着计算机与互联网技术的日新月异，电子商务取得了蓬勃的发展，并已经成为广大消费者不可或缺的重要平台。电子商务旨在为客户提供高性价比的多样化产品，满足个性化需求。因此，企业生产需要适应这一趋势，从以往的标准化生产转化为弹性生产已经变得十分必要。随着科学技术的发展，人类社会对产品的功能与质量的要求越来越高，产品更新换代的周期越来越短，产品的复杂程度也随之增加，传统的大批量生产方式受到了挑战。这种挑战不仅对中小企业形成了威胁，而且也困扰着国有大中型企业。

　　但是，传统的弹性物料搬运系统在弹性、运营绩效、应对顾客大规模定制和个性化需要以及满足电子商务发展的需要方面，显示出不足。在企业的现实生产中，快速响应顾客需求是至关重要的，这不仅影响到企业面对竞争对手时的竞争力，而且影响到企业的生存，而现存的物料搬运系统往往无法满足这些需求。基于以上原因，开发一个新型弹性物料搬运系统以满足上述需求变得十分迫切。本书结合现实中顾客需求和企业生产的需要，开发出一种基于室内定位服务的弹性物料搬运系统，主要创新之处包括：①新型无轨弹性物料搬运系统的设计；②研究新系统的运营绩效和经济可行性分析；③研究系统运营中的定位服务系统的传感器布局策略；④研究现实中的热点应用问题。

　　本书的主要内容包括以下几个方面。

　　第一，从总体上介绍本书的研究背景、研究目的、研究意义，回顾了国内外关于弹性物料搬运系统的相关研究与不足，并简述本书的主要创新点和工作，最后对相关的研究内容进行综述。

　　第二，综述以往的相关研究，比较不同类型的物料搬运系统，结合大规模定制，提出基于定位服务的无轨弹性物料搬运系统的概念，以及构建系统的思路并进行系统设计。

　　第三，从运营绩效和经济可行性两方面，提出修正的成本作业法来估计无轨弹性物料搬运系统的成本节约和收益增加，通过内部收益率模型评估系统的经济绩效，并通过灵敏性分析来比较不同情境下有轨弹性物料搬运系统和无轨弹性物料搬运系统的绩效差异。

第四，考虑到现实中的情况，从可靠性、覆盖率和精度三个方面研究弹性物料搬运系统中的定位传感器布局策略问题，以确定最优的布局策略。

第五，无轨弹性物料搬运系统离不开室内定位系统的支持，室内定位系统的关键之一为定位传感器的布局。在考虑不确定感应的条件下，鉴于定位传感器的方向性对定位传感器的布局策略进行研究。

第六，鉴于电子商务的发展，研究基于室内定位服务的弹性物料搬运系统在仓库中的应用，主要研究选择什么样的布局方法和布局策略，最后通过遗传算法比较不同布局策略的性能。

第七，对本书的相关研究进行总结，并展望今后可能的发展方向。

与现有的弹性物料搬运系统相比，本书提出的基于室内定位服务的无轨弹性物料搬运系统，在响应顾客需求、降低成本、提高生产率、减少库存、提高产品和服务质量，尤其是经济绩效方面，显示出了巨大的优势。本书在总结研究传统弹性物料搬运系统的优势及劣势，以及相关研究的基础上，提出新型的无轨弹性物料搬运系统设计方案，以修正的成本作业法等方法为基础估计新系统边际成本，以内部收益率等经济模型为基础评价系统可行性，以非线性规划与遗传算法等方法为基础评估系统布局策略的优劣。同时，本书在分析行业特点的基础上，深入研究了基于室内定位服务的无轨弹性物料搬运系统的应用问题。最后，结合热点，如传统制造业、采矿、电商配送中心、中国老年化问题、救灾、水下应用、军事领域等，本书探讨了室内定位服务在以上领域的应用问题。

本书以具体的实践为背景对弹性物料搬运系统的设计与评价进行系统阐释，提出学术界以及工业界应该关注、研究的相关问题。本书尝试回答其中的部分问题。

本书在写作和出版过程中得到了许多人的帮助和支持，科学出版社的徐倩女士一直非常关心本书的进展，在此向她表示衷心的感谢。同时，感谢科学出版社的其他编辑对本书出版给予的帮助。

最后要感谢我的合作导师香港科技大学工业工程及物流管理系的李家硕副教授、合作者澳门大学工商管理学院的付琦副教授，本书的部分内容取材于我们共同的研究成果；另外，尤其要感谢我的硕士研究生苏洋洋（整理第1章、第8章、第9章）、皮莹莹（整理第2章、第3章、第4章）、王晶晶（整理第5章、第6章、第7章），他们对材料的精心整理保证了本书的写作进程；同时也感谢国家自然科学基金对研究工作的资助。

戴 宾

2016 年 6 月 18 日

目　　录

第1章 绪 论

1.1 弹性物料搬运系统

本书主要研究基于室内定位服务的弹性物料搬运系统的设计、评价、运营等问题，目的是提高制造业和服务业的弹性和服务质量，以期减少企业与生产服务相关的成本和不确定性，优化企业的资源配置，满足市场上顾客的多样化需求，最终提升企业实力，获取竞争优势。进入 21 世纪以来，尤其是近十年，随着人们生活水平的提高，顾客的个性化需求变得日益普遍。同时，随着计算机与互联网技术的日新月异，电子商务取得了蓬勃的发展，并已经成为广大消费者不可或缺的一个重要平台。电子商务旨在为客户提供高性价比的多样化产品，满足个性化需求，因此，企业生产需要适应这一趋势，从以往的标准化生产转化为弹性生产已经变得十分必要。随着科学技术的进步与发展，人类社会对产品的性能与质量的要求越来越高，产品更新换代的速度越来越快，产品的复杂程度也越来越高，传统的大批量生产方式受到了极大的挑战。这种挑战不仅对中小企业形成了威胁，同时也困扰着国有大中型企业。这是因为，在大批量生产方式中，柔性与生产率之间是相互矛盾的。我们知道，只有品种单一、批量大、设备专用性高、工艺稳定、效率高的生产，才能构成规模经济效益；反之，多品种、小批量、设备专用性低、加工形式相似、工艺不稳定的生产，生产效率必然会受到影响。为了提高企业柔性与生产效率，同时在保证产品和服务质量的前提下，缩短产品生产周期，降低生产成本，最终使得中小批量生产能与大批量生产相媲美，实现规模经济效益，弹性制造系统（flexible manufacturing system，FMS）便应运而生（Fulkerson，1997）。

弹性制造系统是一种在计算机系统的统一控制和管理下，用传输装置和自动装卸装置将加工设备连接起来的自动化制造系统，适用于中小批量和多品种零部件的高效率加工（Paraschidis et al.，1994）。弹性制造系统是因工业上可预期或不可预期的变更而允许弹性且可自动化生产的工程制造系统。其主要是以机械加工或制造产业为主，应用生产范围十分广泛，包括工艺和一些自动化的工作，这些系统可以达到不同程度的弹性，完全与该系统的组件有关。该系统常应用于大量生产多样化的产品。弹性制造系统主要的特色在于生产过程中若更换产品形态，并不需要频繁更换生产设备，只要利用计算机化的工业控制系统修正即可达成，以响应市场需求快速变化的要求，以及分布式生产和大规模定制生产的要求（Bock and Rosenberg，2000）。

1954 年美国麻省理工学院诞生了第一台数字控制铣床，在其后进行了 20 年左右的探索，到了 20 世纪 70 年代初，弹性自动化最终进入了生产实用阶段。几十年来，从单台数控机床到加工中心、弹性制造单元、弹性制造系统和计算机集成制造系统，促使弹性自动化得到了迅速的发展。通过近几十年的努力和实践，弹性制造系统（FMS）已日臻完善，已经进入了实用化阶段，并形成高科技产业。随着科学技术的巨大进步以及生产组织和管理方式的不断更替与创新，弹性制造系统作为一种新型生产手段也在不断引入新技术、不断向更高层次发展来适应个性化和快速变化的客户需求。

弹性制造系统将计算机、控制论、微电子技术和系统工程等复杂的技术进行有机地结合，使其既具有机械加工高自动化和高效率的特性，又具有非常高的弹性以应对不同需求。具体而言，弹性制造系统具有如下特点：

（1）设备弹性好。弹性制造系统的刀具、夹具以及物料运输装置具有可调性，当市场需求发生变化或者产品设计改变时，系统可以迅速地进行调整以适应不同的生产要求。

（2）设备利用率高。弹性制造系统布局合理紧凑，柔性化的设备可以应对不同的加工需求，设备在利用率提高的同时可以减少 20%的占地面积。

（3）在制品数量少。弹性制造系统的产品生产工序集中，大幅降低了生产过程的重置装载次数，这大大缩短生产准备时间以及生产周期，从而降低了在制品的库存。

（4）稳定生产的能力。当弹性制造系统中的某台设备发生故障时，该系统可以降级运转，自行调整路线，绕过发生故障的设备，从而保证整个生产系统运行的稳定性，避免故障对生产制造系统造成影响。

（5）稳定产品质量。弹性制造系统加工过程是全自动和智能化的，涉及很少的人力劳动，与传统的生产制造系统相比，该系统生产产品的加工精度更高，质量稳定性更好。

（6）运行弹性。当弹性制造系统的检验、维护等工作就绪后，后续的加工生产可以在无人看守的情况下自动进行，其监控系统还可以处理刀具磨损、物流搬运堵塞等运行过程中出现的一些不可预料的情形。

弹性制造系统的优势离不开它的四个核心子系统，具体如下：

（1）自动加工系统。该系统是指以成组技术为基础，把外形尺寸（形状差异不大）和质量大致相似、材料相同、工艺相似的零件，集中在某台或数台数控机床或专用机床等设备上进行生产的加工系统。弹性制造系统的加工设备一般由多台自动化程度很高的数控设备共同组成，主要包括加工中心、切削中心以及采用计算机控制的其他种类机床，用于完成不同工序的加工。

（2）物料搬运系统（material handling system，MHS）。该系统是指由多种搬运装置构成，实现工件和加工刀具等的供给与传送的系统，是弹性制造系统的主要组成部分。该系统主要用于实现物料的存储和搬运，包括各种传送带、轨道、起吊设备和工业机器人等。

（3）信息控制系统。该系统是指对加工和搬运过程中所需的各种信息进行收集、处理和反馈，并通过计算机或其他控制装置（液压和气压装置等）对机床或运输设备实行分级控制的系统。该系统主要用于处理弹性制造系统的各种信息，输出控制 CNC 机床和物料系统等自动操作所需的信息。

（4）软件系统。该系统是保证弹性制造系统进行综合有效管理的必不可少的组成部分，确保弹性制造系统能够有效地适应中小批量及多品种生产的管理、控制及优化工作。该系统主要包括设计规划、生产过程分析、生产过程调度、系统管理以及监控等软件。

关于弹性制造系统在各方面的应用以满足大规模定制和个性化需求，国内外学者进行了大量的研究。随着各种各样个性化产品需求的增加，给传统制造业的生产计划和过程控制带来了巨大的挑战，因此对于大规模定制而言，弹性制造过程变得至关重要（Tian et al.，2008；Terkaj et al.，2009a）。从大规模化定制的角度出发，目前有两种方法已经被广泛用来提高制造过程的弹性。一种方法是在一个产品簇中，利用共同的组件，设计标准化平台，来生产不同的产品以实现规模经济。因此，根据产品种类和生产流程之间的相似性，制造商可以构建能够快速响应产品设计改变的生产流程（Colledani et al.，2008）。另一种方法是增加大规模定制弹性的方法是在制造过程中采用弹性制造系统。该系统包含现代信息和计算机技术（ICT）以及弹性制造工具，可以减少从产品设计到大规模定制生产的响应时间（Terkaj et al.，2009b）。譬如，这种系统从接到定制鞋子的订单开始，到生产完成仅需要 5 天时间。该系统允许设计师在有限的成本内改变系统的计算机辅助设计（CAD）模块。劳动力和生产管理系统的弹性对于完成看似矛盾的大规模定制目标也是同等重要的。劳动力受教育程度较高，作出满足各种需求的决策将不会增加太多的成本。同样，对物料管理和物料搬运等活动进行有效的生产控制，对于实现大规模定制也是必不可少的。

综上所述，弹性制造系统对应对现代制造业中的个性化需求和实现大规模化定制至关重要（Paraschidis et al.，1994）。作为弹性制造系统的关键部分，弹性物料搬运系统（flexible MHS，FMHS）在实施弹性制造的过程中起着战略性的作用（Beamon，1998）。根据 Tompkins 等（2002）的研究，总生产成本的20%～50%花费在物料搬运上。这使得物料搬运的主题变得愈发重要。除此之外，弹性制造系统的所有复杂性都转嫁到物料搬运系统上。因此，弹性物料搬运系统对于运用弹性制造系统去满足高产品多样化的需求是至关重要的，如在服装制造领域的应用。

关于弹性物料搬运系统的研究引起了学术界广泛的关注。根据 Kim 和 Eom（1997）的研究，弹性物料搬运系统主要分为以下几种类型：工业货车、传送带、自动导引车（AGV）、吊车、工业机器人以及自动存储/检索系统（AS/RS）。基于力/力矩感应的原理，Paraschidis 等（1994）开发了机器人系统用来处理物料搬运作业。物料处理机器人可以自动地完成生产线上一些繁冗的、乏味的以及不安全的作业，通过这种方式，物料搬运机器人可以提高生产线的效率，以及通过提供高质量的产品来增加客户满意度。自动导引车系统是一种完全不需要人力的自动化搬运系统，它可以在没有人力干预的情况下，在生产、物流、仓储和分销环境中安全地搬运各种产品，该系统的应用极大地降低了成本，同时提高了效率和效益（Aldrich，2015）。单位生产系统（unit production system，UPS）是一种自动化系统，在生产中极大地节省了时间，可以自动地记录产量，具有节省直接劳动力成本、提高空间利用率等优点（Hill，2015）。当产品种类多，而产量不大时，渐进式捆扎系统（progressive bundling system，PBS）是一种非常有效的系统，它对劳动力技术要求不高，而且在生产过程中可以控制产品质量，因而在服装行业得到了广泛应用。就市场占有率而言，瑞典的 Eton 系统在服装行业绝对是领头羊，该系统是一种基于 UPS 的典型弹性物料搬运系统，旨在消除人工搬运、最大限度地减少浮余动作，它能从根本上提高生产力，优化生产流程，并节省出更多的时间，用于产品增值（Tait，1996）。还有一种弹性物料搬运系统，即人工物料搬运系统，该系统在实际生产中仍然被广泛采用，如在电子制造业和服装业中的应用。人工物料搬运系统、工业货车以及吊车中涉及人力，因此这几类系统一般被归类为人力型物料搬运系统。工业机器人和自动存储/检索系统通常在一个固定场所作业，因此可以被归类为定点型物料搬运系统。其他的弹性物料搬运系统，如模块生产系统（MPS）、快速反应系统、丰田生产模式等，都在不同的行业发挥了巨大作用。近年来，随着人工智能被应用于物料搬运领域，许多新型的物料搬运系统被开发了出来，其中包括 Dai 等（2009）设计的基于室内定位服务和无轨自动导引车的弹性物料搬运系统，该系统不仅拥有更好的经济绩效，而且可以大大地提高生产率，减少库存，满足大规模定制生产以及多样化产品生产的需求。

自从 20 世纪 60 年代自动化物料搬运系统提出后，就引起了学术界的广泛关注，其研究包括定量研究、定性研究以及两者相结合。物料搬运系统包括一系列的物料搬运设备和系统（Tompkins et al.，2010）。物料搬运涉及在建筑物之间或建筑物和设备之间的短距离移动。它利用各种手动、半自动和自动化设备，包括在制造、仓储、分布、消费和处置过程中考虑保护、存储和控制物料。物料搬运通过处理、储存和控制物料，可用于创建时间和地点效用，不同于制造业，通过改变物料的形状、形式和组成部分创造形态效用。物料搬运在制造业和物流材料处理中发挥着重要作用，贡献了超过20%的美国GDP。在制造工厂、仓库和零售商店，几乎每一项实物贸易都通过输送机、叉车或其他类型的物料搬运设备进行搬运。物料搬运通常需要作为每个生产工人工作的一部分，在美国超过650 000人的工作是"物料搬运操作员"，其每年平均工资为31 530美元（2012年5月）。这些操作员使用物料搬运设备在工业环境中运输各种货物，包括在建筑工地间运输建筑材料或运输货物到船只上。物料搬运设备（系统）是指在同一场所范围内进行的、以改变物料的存放状态（即狭义的装卸）和空间位置（即狭义的搬运）的机器设备，其目的是提高企业的生产效率。不同类型的物料搬运设备一般可以分为四类：输送设备、定位设备、单位荷载生产设备和存储设备。

输送设备。输送设备被用来把物料从一个地点移送到另一个地点，如工作站之间、装货区和存储区之间等。对输送设备进一步进行分类包括传送带、吊车和工业货车。当物料在固定的几个点之间频繁地移动时，就会采用传送机。传送机因其搬运的产品（单个卸载或批量卸载）而不同；或因传送机的位置（在地板上、不在地板上或在空中，以及装载物是否会积累在传送机上）而不同。积累能力允许每个单元沿着传送机输送的物料间歇性移动，但是不允许所有单元同时移动，因为没有足够的积累能力。吊车用来输送在有限的区域内不同路径的物料，与传送机相比，吊车具有更大的灵活性，因为需要搬运的物料的形状和质量可能会不同。但是与工业货车相比，吊车的灵活性则显得不足，原因很简单，工业货车可以在更大的区域内搬运物料，而吊车只能在有限的区域内运行。许多吊车运用电车和轨道在水平范围内移动，用起重机在垂直范围内移动，如果要进行精确的定位，就需要专业的操作员。目前，大多数吊车包括臂式、桥式、龙门式和塔式起重机。工业货车是一种不允许在公路上行驶的卡车，它可以在不同的地点间来回搬运物料。工业货车的运动没有区域限制，如果是有起重能力的卡车，它还可以进行垂直空间内的物料搬运。工业货车依据其是否有车叉搬运托盘、是否能提供动力或需要人力起重和运行、是否允许操作员驾驶或要求操作员随行、是否有堆垛能力以及是否能在狭窄的通道内运行而不同。手推车是最简单的工业货车，不能用来运输和堆垛托盘，没有动力并且需要操作员随行。托盘搬运车不能用来堆垛托盘，其前轮安装在延伸到地板上的叉子的末端，用来清理地板上的物料，以备后续的搬运。平衡式装卸车（有时指叉车）可以用来运输和堆垛托盘，并且允许操作员驾驶。狭窄通道小车通常允许操作员站立在小车上以减少其转弯半径。转叉式堆高机的叉子在堆垛时旋转以减少小车在狭窄通道内转向的需要。捡取机在拣货的过程中，可以改变操作者的高度。自动导引车是一种工业货车，可以自动装卸而不需要人力操作。

定位设备。定位设备用来处理一个单一位置上的物料，它可以在一个工作场所进行供料、导向、装货/卸货或其他的物料搬运操作,以便后续工序的搬运、加工、运输或存储处在一个正确的位置上。与人工搬运相比,当物料搬运的频率很高时,使用定位设备可以提高每个工人的生产率;当搬运的物体质量很重或很难去持有和人为的失误或注意力不集中可能损坏物料时,使用定位设备可以提高产品质量和限制对物料的损坏;当环境是有害的或者人力不可接近时,使用定位设备可以减少疲劳和对人体造成的伤害。在许多情况下,定位设备是按照人体工程学的要求设计的。通常定位设备包括举起/倾斜/转向、起重机、平衡器、机械手以及工业机器人。机械手像人体的肌肉一样,可以平衡所要搬运物体的重量,这样操作员相当于只举起了物体质量的很小一部分(1%),它可以弥补起重机和工业机器人的不足。因此,与起重机相比,机械手可以用来完成大范围的定位任务;与工业机器人相比,机械手很灵活,因为工业机器人需要很多的人工控制。它们可以手动驱动、电动或气动,在机械手末端的执行器可以配备机械触手、真空触手、机电触手或其他工具。

单位荷载生产设备。当在一次荷载中运输和存储时,单位荷载生产设备用来限制物料以保持它们的完整性。如果物料是一个部分或连锁部分,接着不需要任何设备就可以形成一个单位荷载。单位荷载设备包括托盘、侧滑、滑脱板、垃圾箱/篮子、纸箱和袋子等。例如,托盘通常是由木头、纸、塑料、橡胶或金属做成的平台;侧滑是一片厚厚的纸片、波纹纤维或者塑料,可以通过特殊的推/拉叉车抓起物料。

存储设备。存储设备的设计,及其在仓储设计中的使用,可以最小化搬运成本,使物料容易获得以及最大化空间利用率。如果物料直接堆垛在地板上,没有存储设备,一般而言,每种不同的物料在仓库中的堆垛只有半满;为了增加空间的利用率,货架可用于允许多个不同项目在不同的水平上占同一层的堆栈空间。货架存储优于地板堆积存储,是因为每种物料所需要的存储单元减少了。类似地,每种物料的单位存储深度影响空间的利用率,并且与每种物料所需要的存储空间成正比。当每种物料的单元数量很小时,可以用托盘来存储。单个纸箱可以选择从托盘装载或可以存储在轻型货架上,这是为了方便先进先出(FIFO)。自动存储/检索系统(AS/RS)是一个集成的计算机控制相结合的存储系统,它把存储媒介、运输设备、不同水平的自动化控制结合起来,以快速和准确地随机存储产品和物料。

另外,电子商务是弹性物料搬运系统的一个重要应用领域。在电子商务发展的背景下,企业的生存环境发生了巨大的变化,市场的不确定性,客户需求的多样化,以及产品的生命周期越来越短,使得市场竞争愈发激烈,弹性制造以及电商仓库的运营面临极大的挑战。在此背景下,越来越多的制造以及电商企业开始探寻提高生产效率和改善客户服务质量的途径。物料搬运系统作为弹性生产系统的战略组成部分，不仅占用了显著的生产成本，同时决定着整个生产系统的运行情况，因此，优化物料搬运系统成为很多企业在激烈市场竞争中取得竞争优势的一个制胜点。著名电商企业亚马逊在成立之初投入了大量资金用于市场推广，树立品牌，但在 1997 年之后便开始将资金更多地转向物流仓储和技术研发，截至 2011 年年底这两项的费用占比依然是最高的，可见亚马逊对于物流仓储和 IT 技术的重视程度，也正是因为这样，才保持了亚马逊的竞争优势，同时也为后来的盈利打下了基础。由于电子商务的规模效应以及前期的大量资源积累，亚马逊历经 8 年亏损，终在 2003 年迎来首次全年盈利，并从此进入了快速发展期，各类业务不断涌向市场。据《2015 年度中国电子商务市场数据监测报告》统计，2015年中国电子商务交易额达 18.3 万亿元人民币，同比增长 36.5%，增幅上升 5.1 个百分点。其中，B2B 电商交易额为 13.9 万亿元，同比增长 39%。网络零售市场规模达 3.8 万亿元，同比增长 35.7%。中国 B2C 网络零售市场（包括开放平台式与自营销售式，不含品牌电商），天猫排名第一，占 57.4%的市场份额；京东名列第二，占 23.4%的份额；唯品会位于第三，占 3.2%的份额；位于 4～10 名的电商依次为：苏宁易购（3.0%）、国美在线（1.6%）、1 号店（1.4%）、当当（1.3%）、亚马逊中国（1.2%）、聚美优品（0.8%）、易迅网（0.3%）。在美国，2013 年移动端的电子商务交易额高达 388.4 亿美元（约合 2425.6 亿元人民币），相较 2012 年的 248.1 亿美元（约合 1549.4 亿元人民币）增长 56.5%，预计到 2017 年移动商务交易额将高达 1085.6 亿美元。在欧洲，根据 2014 年欧洲电子运营调查报告显示：2014 年意大利电子商务交易额同比增长 18%，达到 130 亿欧元，约合 164.7 亿美元。由以上统计数据可见，电子商务的发展潮流已经势不可挡，但是在其发展过程中仍然面临各种挑战。

在电商超市领域，存在竞争以及成本降低的压力巨大，而物流成本占重要比重，同时也有较大改善空间，特别是在物流配送中心的成本改善方面。在配送中心领域，订单拣选作业效率直接影响到整个物流的效率和经营效益，但目前在我国配送中心，自动化物流技术主要应用于仓储、码垛和搬运等作业环节，而工作量大、流程复杂的订单分拣自动化水平不高，需要大量的人工作业，且工作时间长，劳动强度高，效率低，出错率较高。传统的"人到货"拣选的半自动化技术，由于其工作量大、灵活性差、拣选流程复杂以及作业效率低，已经无法满足现代配送中心的技术要求，成为制约配送服务水平提高和电商发展的一大瓶颈。在国内，电商企业也有各自的物料搬运系统，其根本目的是快速响应需求，增强企业自身的竞争优势。但是，在快速变化的市场环境中，企业如何改进服务质量，满足顾客多样化需求，应对竞争压力，是一个难点问题。

为解决这一问题，越来越多的电子商务企业采用自动化的分拣系统，如亚马逊的 Kiva 自动化系统、京东的亚洲一号，其中以亚马逊的 Kiva 自动化系统最具代表,其本质是一种弹性物料搬运系统,采用"货到人"拣选模式的 Kiva 自动化系统。Kiva 自动化系统是一种新型的、由多个机器人组成的物料搬运系统,省去了人工长距离来回移动,作业效率得到大幅提高。传统的配送中心一般是半自动化的,其基本设备主要有自动化立体仓库、搬运设备、输送设备、包装拆分设备以及分拣设备。Kiva 自动化系统通过主控制台、Kiva 移动机器人、可移动货架、工作台来实现订单拣选、包装、输送、二次分拣以及出入库作业。配送中心的 Kiva 自动化系统包括以下组成部分。

(1)主控制台。Kiva 自动化系统的核心是主控制台,它依托于复杂的计算机算法控制技术,其中排队论和路线规划理论是核心算法,而 Wi-Fi(无线网络技术)、RFID(无线射频技术)、Kiva MFS(巡航技术)以及二维条码技术等是整个系统的支撑。通过主控制台下达指令,Kiva MFS 的服务器直接与每个驱动单元通过 Wi-Fi 网络来连接,其中 Kiva 移动机器人利用驱动单元的巡航技术来读取地面网格的视觉记号,从而实现从货物到人的自动化。Kiva MFS 控制系统决定了每个客户的订单应该如何分配给拣选人员的问题,相比传统的物流自动化设备,Kiva 自动化技术必须与 WMS(现代仓储系统)相融合,对系统的集成有非常高的要求。

(2)Kiva 移动机器人。在半自动化配送中心中,一般采用以车辆为主的搬运设备,如叉车、手推车、拖车。在 Kiva 自动化系统中,Kiva 移动机器人作为唯一的搬运设备,其行走速度可以达到 1.5 米/秒。在传统的配送中心,一天最多只能出库 70 万个品规的药品,但是自从引进 Kiva 自动化系统后,分拣人员不再需要来回移动寻找药品,更不需要记住每类药品摆放的位置,而是通过信息系统下达指令,由 Kiva 移动机器人快速将需要分拣的货架搬运至分拣人员面前,最快时可以达到一天出库 150 万个品规的药品,由此大大缩短了药品分拣的时间,提高了订单出库的速度。Kiva 移动机器人的结构比较简单,主要由六个系统组成,分别是:信息处理系统、搬运系统、顶升系统、定位检测系统、视觉系统、自动充电系统等。每个 Kiva 移动机器人上都装有一个信息处理系统,可以通过该系统来接收指令,然后对该指令进行处理,并控制机器人的行走方向路径选择以及检测障碍物和电池电量是否充足。顶升系统依靠 Kiva 移动机器人的螺旋升降装置,当 Kiva 移动机器人到达货架的底部时,通过螺旋升降机将货物举起来搬运离开地面。为了使 Kiva 移动机器人能够在搬运的过程中平稳搬运货架,在升降机旋转的过程中控制机器人底部的两个橡胶轮进行反向旋转。Kiva 移动机器人的前后都装有定位检测系统,能够运用红外线传感技术快速检测机器人周围的环境,识别是否有障碍物,一旦检测到周围有障碍物则自动停止,以避免碰撞。为了识别货架的信息和定位,在 Kiva 移动机器人的顶部中央位置和底部中央位置均装有一个摄像头,分别用来读取可移动货架底部的条形码,以及地上网格的视觉记号。Kiva

移动机器人是由电池驱动的，每充一次电，基本上可以工作 8 小时，一旦系统检测到电量降低，处理系统就会自动驱动机器人到固定的充电站自动充电，无需人工操作。

（3）可移动货架。在配送中心内，Kiva 移动机器人必须和可移动货架一同使用，为了方便人工拣选，货架的高度按照人的平均身高进行设置。同时，为了使 Kiva 移动机器人能顺利搬运货架，在货架的底部设置了适合机器人作业高度的空间。

（4）工作台。在整个 Kiva 自动化系统中，唯一需要人工操作的地方在于拣选工作台和补货工作台，但是拣货人员和补货人员都并不需要按照订单去寻找货物，也无需记住药品分类所摆放的位置，而是由 Kiva 移动机器人直接将订单中需要的药品所在的货架搬运到工作台，然后再进行订单的拣选或补货。工作人员只需站在工作台上，根据信号灯的提示进行药品的拣选或补货，并在完成后将信号灯熄灭即可，此时 Kiva 移动机器人将货架搬回至指定位置。

在配送中心运用 Kiva 自动化系统后，整个操作流程可以概括为：客户下达订单后，首先，主控制台接收新订单，并根据订单中不同的药品品规将其分配给最佳的 Kiva 移动机器人；其次，机器人接收到主控制台的指令后，根据系统规划的最短路径快速地找到相应的货架，并将货架搬运到对应的工作站台；再次，工作人员按照移动货架上的信号指示灯取出相应的药品后，按下按钮，向 Kiva 移动机器人和主控制台发送拣货任务完成的指令；与此同时，Kiva 移动机器人将自动判断其是否需要充电，如果需要充电，则机器人在工作人员完成拣货作业后自动进入最佳的充电区域；如果无需充电，则机器人通过自身的信息处理系统向主控制台发送任务完成、等待指令的信息；最后，主控制台根据新订单来判断该机器人上的移动货架是否需要补货。如果需要补货，则机器人将该移动货架搬运至补货工作台进行补货，然后再根据主控制台的指令按照新的规律将移动货架放置相应的位置；如果无需补货，则 Kiva 移动机器人根据主控制台的指令将可移动货架按照新的规律搬回相应的位置。

配送中心由于种类多、订单结构复杂，从而使得传统的"人到货"拣选的方式劳动强度大、效率极低，加剧了药品归类的困难。而 Kiva 自动化系统在配送中心领域的应用具有以下优势。

（1）Kiva 移动机器人代替了传统配送中心中的工作人员在众多静态货架间来回移动寻找货物，而是将需要分拣或补货的货架直接快速搬运至工作人员面前，这大大节约了订单处理和补货的作业时间，同时降低了工作人员的劳动强度。

（2）整个 Kiva 系统采用的是可移动货架，不需要使用自动化穿梭车、立体仓库、堆垛机和输送带，也不需要在每两个货架之间留有员工和货物的专门通道，因此节省了大量的空间，大大提升了仓库的存储能力，使得配送中心有限的面积得到更有效的利用。

（3）传统的"人到货"拣选方式中，不管是拣选区、卸货区还是补货区，都是主要依靠工作人员人工清点并完成相应的作业，因而工作人员的职业技能高低对整个配送中心的效率产生直接影响，并且严重依赖工作人员的作业熟练程度，一旦工作人员有变动，则影响到整个行业的服务水平。而 Kiva 自动化系统的应用使得配送中心的作业流程简化，工作难度大大降低，对工作人员的职业技能高低程度的依赖性也大大降低，保证了整个配送中心的平稳运行。

由于自动化的弹性物流搬运系统的优势，不同类型的自动化弹性物流搬运系统不论在弹性制造还是在物流配送中都得到了广泛应用，并显著提高了生产率和降低了错误率和成本。基于自动引导车的弹性物料搬运系统在实践中应用最广泛，其中主要的原因是其替代人力搬运系统中的人力而带来的劳动力成本的节约。但目前大多数的自动引导车系统均采用固定的轨道，因此在降低劳动力成本的同时，也损失了人力搬运系统中的轨道弹性。轨道弹性至少可以带来两个方面的优势：一是当没有轨道约束时，搬运主体可以选择一条更短的搬运路径，意味着总的搬运距离和搬运时间会减少；二是在固定轨道的物料搬运系统中，如果有一台自动引导车在运行过程中出现了故障，其他的自动引导车无法逾越该故障车来完成搬运任务，从而会引起交通阻塞并导致系统的可靠性降低，无轨弹性物料搬运系统却可以很好地避免该问题。因此，研究具有无轨特性的弹性物料搬运系统是具有重要意义的。

自动化的无轨弹性物料搬运系统要发挥其优势，需要一个系统来控制和引导自动搬运设备的运营，而室内定位系统就是这样一个系统。因此本书主要研究基于室内定位服务系统的弹性物料搬运系统的设计、评价以及运营。重点研究室内定位服务系统的定位传感器的布局问题。

1.2　研究目的与意义

在电子商务的大环境下，企业的生存环境发生了巨大变化，市场的不确定性，客户需求的多样化，以及产品的生命周期越来越短，使得竞争愈发激烈，弹性制造以及电商仓库的运营面临巨大的挑战。在此背景下，越来越多的制造企业以及电商企业开始探寻提高生产效率和改善客户服务质量的途径。物料搬运系统作为弹性生产系统的战略组成部分，不仅占用了显著的生产成本，同时决定着整个生产系统的运行情况，因此，改善物料搬运系统成为很多企业在激烈的市场竞争中取得竞争优势的一个制胜法宝，如汽车制造企业的自动引导车系统、亚马逊的Kiva 自动化系统等。

然而，目前现有的物料搬运系统均需要按照预先设定的轨道运行，这不仅不能适应个性化需求对生产系统提出的弹性要求,同时在运行过程中容易造成交通堵塞。针对这种问题,本书的研究目的是基于具有高个性化和快速变化需求的服装制造业,结合室内定位服务系统的优势,提出一个基于室内定位服务的弹性物料搬运系统,并对它的设计、潜在优势以及各领域的应用进行了系统的研究。首先,本书结合室内定位系统,设计了一个全新的无轨弹性物料搬运系统;其次,采用蒙特卡罗算法对该系统的运营优势进行了对比分析;再次,本书提出一个修正的作业成本法对该系统的可行性进行了研究;最后,针对不同的应用领域,对无轨弹性物料搬运系统中的核心问题:定位传感器的布局问题,在不确定感应的条件下进行了优化研究。同时,本书研究了数个贴近中国实际的、复杂的传感器布局问题,提出一系列的新模型、新理论和新方法,并对这些模型、理论和方法进行了绩效分析、经济可行性分析,在很大程度上填补了这一研究领域的空缺,弥补了现有研究的不足,完善了该领域理论研究框架。

随着个性化需求和电子商务的迅速发展,室内定位服务已经开始广泛应用于制造企业和服务企业以提高生产效率或改善顾客服务质量。基于室内定位服务的弹性物料搬运系统的设计研究具有重要的理论和实践意义,具体体现在弹性物料搬运系统的设计评价以及室内定位服务系统的传感器布局两个方面。

在弹性物料搬运系统的设计评价方面,在理论意义上,本书基于室内定位服务,以服装制造业为例,构建了一个自动化的无轨弹性物料搬运系统,实现自动化的无轨弹性物料搬运,从而显著提高物料搬运的效率和弹性。同时提出了一套物料搬运系统运营和经济分析的方法,丰富了系统评价的方法论体系;在实践意义上,本书的无轨弹性物料搬运系统有着广泛的应用前景:

(1)物料搬运成本占整个生产成本的 20%~50%,同时复杂制造系统的有效实施也取决于物料搬运系统,特别是生产个性化的产品。传感器布局可以用来构建无轨弹性物料搬运系统,实现自动化物料搬运,从而显著提高物料搬运的效率和柔性。

(2)订单分拣占用了物流配送中心约 40%的成本和 70%的时间,自动化弹性物料搬运系统可以提高分拣效率 2~3 倍,从而显著降低订单分拣的时间和成本。

(3)据统计,仅煤炭采矿业,我国每年就有近 2000 人丧生。考虑每百万吨煤的死亡率,我国是美国的 16 倍。无轨弹性物流搬运系统可以用来实现地下采矿物料搬运的自动化以及工人和货物的实时追踪,从而减少矿难伤亡。

传感器布局是室内定位服务成功应用的关键因素之一,因为它不仅决定着成本,同时也决定着应用效果。典型的定位传感器及其布局示例如图 1.1 所示。传感器有两个基本功能:一是用来探测目标存在与否;二是用来测量目标与传感器的相对方位或者相对距离。前者,传感器布局在供应链的节点上,即在正确的节点布局正确的传感器，主要应用于追踪供应链上的货物流动，从而降低劳动力成本、改进供应链的协调性、减少库存以及库存中断、减少供用不确定性。后者，传感器布局在具体的应用环境来提供定位或导航服务，即在正确的位置以正确的朝向布局正确的传感器来提供正确的服务，具有广泛的应用前景。可见，在深入分析和借鉴现有研究的基础上，针对现有的需求，深入探讨室内定位服务在物料搬运系统中的应用，不但具有重要的理论价值，而且也具有深远的实践指导意义。

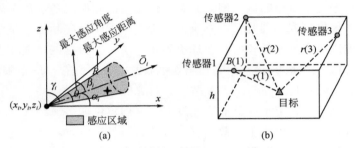

图 1.1　典型定位传感器及其布局示例

本书研究的实践意义主要体现在以下方面。

（1）有助于构建一种新型的物料搬运系统。基于室内定位服务，我们构建了一种无轨弹性物料搬运系统，实现自动化物料搬运，从而显著提高物料搬运的效率和弹性。

（2）有助于丰富不确定感应条件下传感器布局问题的研究。现有的大多数传感器布局模型都没有考虑到不确定感应，此类布局方案提供的定位或者导航服务可靠性低，直接的弥补方法是布局更密集的传感器。密集布局的确能通过牺牲成本改善可靠性，但它同时会增大每次定位的周期，最终严重影响动态定位的精度。因此，如何在考虑不确定感应条件下优化传感器布局是提供可靠定位与导航服务亟待解决的问题。本书的研究通过考虑不确定感应条件下优化传感器布局，提供可靠定位与导航服务，为制造企业的自动化物料搬运与追踪以及服务企业的人流、物流追踪提供切实可行的传感器技术解决方案。

（3）有助于提高企业生产效率。通过更合理地布局导航传感器，增强生产系统对需求的反应速度，从而降低生产过程中的物流成本。这不仅能减轻物价及CPI上涨的压力，同时能提高顾客满意度，对我国国民经济和社会发展具有重大的意义。

（4）有助于响应党的十八大提出的建设资源节约型和环境友好型社会的要求。研究不确定感应条件下的传感器布局，可以帮助企业合理降低成本，节约能源，提高服务质量，进一步促进定位、导航传感器技术在我国的推广和实施。

（5）有助于将绿色发展、建设资源节约型、环境友好型社会以及提高产业核心竞争力等目标考虑在内，推动服务业大发展。室内定位服务的运营需要消耗能源，优化的传感器布局可以减少传感器数目、节约能源。可靠的传感器布局可以全面提升信息化水平以及市场反应速度，持续降低制造业生产成本，提高产业核心竞争力。通过对服务业人流物流的可靠追踪，传感器布局也能提升服务质量，推动服务业大发展。

从理论价值上来说，不确定感应条件下传感器布局问题是从工程管理实践中提炼出来的一个比较新的课题。在国外，不确定感应研究的时间不长，虽然有几位国外学者已经在探测应用中提及，但对其研究不充分、不彻底，同时在定位或导航服务应用中尚未涉及。由于国内研究局部定位或导航服务的不多，大多集中于系统的设计或室外 GPS 导航。在传感器布局方面，大多停留在探测应用方面，譬如选址问题。因此国内外学术界尚未对不确定感应条件下定位或导航传感器的布局问题进行系统和深入的研究，理论基础较为薄弱。本书的研究会针对不确定感应的特点，研究数个贴近中国实际的、复杂的传感器布局问题，并提出一系列的新模型、新理论和新方法。

在电子商务和弹性制造环境下，不确定性是企业必须要面临和解决的问题。本书在对企业现实生产和服务进行深入分析的前提下，通过研究基于定位服务的弹性物料搬运系统的设计问题以满足企业不同条件下的决策需求。以后各章节的内容将分别对相应的系统设计进行介绍，希望对企业生产提供切实可行的指导和借鉴。

1.3　国内外研究现状

1.3.1　国外研究现状

国外关于弹性物料搬运系统的理论和实践进行了大量的研究，关于弹性物料搬运系统，其研究主要包括以下几个方面：弹性物料搬运系统的设计、弹性物料搬运系统的运营绩效分析、室内定位服务系统的设计。本章侧重于对弹性物料搬运系统和室内定位服务系统的设计。

1. 弹性物料搬运系统

1）弹性物料搬运系统的设计

物料搬运是非价值增加活动，但是在许多方面又是必不可少的（Gartland，1999）。物料搬运设备的分类在前面已经讨论，接下来讨论弹性物料搬运系统。Siegel 等（2014）将仓储中的弹性物料搬运系统按照以下功能分类。

（1）存储设备。

（2）拣选机。

（3）自动化储存及检索系统（AS/RS）。

（4）自动导引车（自动引导车）。自动引导车是一种简单的机器人，其整合了声音、光、电和计算机硬件。

（5）包装机。包装机用于制作盒子或制作托盘（托盘堆垛机）。

在服装行业中，关于纺织品的自动搬运问题有大量的研究。从基于可视化和轴力/力矩传感器的装卸工作的角度出发，Paraschidis 等（1994）开发了机器人系统来搬运纺织原料。一种带有天线的自动引导车的弹性物料搬运系统被设计出来，以提高产量和产品质量，这种系统把纺织原料从丝印工艺运送到折叠包装区域，然后传送带把装箱的商品从折叠包装区域传送到运输区域（Aldrich，1995）。

Beason（1999）提出名为 Walking Floor 的自动装卸系统，该系统是一种典型的通过三个气压缸驱动的按顺序操作往复传送板的板条运输机，它提供了一种提高物料处理量的方法。相对于传统的捆绑式系统而言，单元式生产系统（UPS）通过像吊架一样的货架运输物料，在服装制造过程中既提高了效率，又降低了在产品（WIP）水平（Hill，2015）。

在市场上有两种经典的单元式生产系统：一种是美国的 TUKAtrack 信息追踪系统，另一种是瑞典的 Eton 悬挂系统。服装行业中其他的物料搬运解决方案包括当纺织原料经过手边时快速反应方法即丰田生产模式（TSS），英国皮特·沃德公司设计的手动高架缝制生产线，以及塞珀麦克公司研制的被称为魔术管道的服装生产、物料传送、仓储和运输系统。但是，瑞典的 Eton 系统在服装制造行业依旧是市场的领头羊（Tait，1996）。

为了增加生产率和产品质量，弹性物料搬运系统加装有线自动引导车（自动引导车）和传送带，有线自动引导车将服装从丝网印刷加工区域运送到折叠包装区域，另外传送带将装箱的货物从折叠包装区域运送到集货区（Aldrich，1995）。随着自动化技术的提升，自动引导车系统由于其灵活性，在 1955 年第一次被引进工厂生产中，特别是无轨自动引导车（free-ranging AGV）已成为现代工厂的主流物料搬运设备（Egbelu，1993）。最近，Dai 等（2009）提出在服装行业中采用配备有局部定位系统（LPS）的无轨自动引导车的弹性物料搬运系统，就效率和效果而言，该系统表现出广阔的应用前景。

2）弹性物料搬运系统的运营绩效分析

关于在弹性制造系统中采取新型物料搬运系统的经济可行性在学术界吸引了大量的注意力，包括净现值（NPV）、回收期、投资回报率（ROI）和内部收益率（IIR）在内的经济指标已经被使用（Meredith and Suresh，1986）。对一种新型物料搬运系统要产生这些经济指标，有必要识别它的收益和劣势，这一点在物料搬运系统选择的文献中已有大量的研究，如 Devise 和 Pierreval（2000）、Lashkari 等（2004）以及 Sujono 和 Lashkari（2007）。由三个专家组成的委员会通过给物料搬运系统的可扩展性、灵活性和可靠性等这些属性进行评级，最后得到一个价值评分，这个价值评分用来计算物料搬运的经济可行性的纯现价（NPW）（Usher et al.，2001）。这些物料搬运系统的收益和成本由一种模糊的收益成本比率分析方法来估计，然后计算收益现值和成本现值的比率去评价投资的可行性（Kahraman et al.，2000）。

成本作业法（ABC）通过获取采取新型物料搬运系统的收益和成本模糊估计的证据，克服上述成本估计问题（Harrison and Sullivan，1996）。Ioannou 和 Sullivan（1999）基于现代物料搬运系统中物料搬运活动的特点提出了一种两阶段的方法来评估投资的可行性。第一阶段搜集制造企业重构物料搬运系统的生命周期的成本和收益，第二阶段基于每个物料搬运系统的活动相关成本和不同的机会成本进行经济价值分析（EVA）。

在服装行业中，Hill（2015）提出了单元式生产系统（一种无轨系统）对改进的捆绑式系统（一种人工系统）的成本和收益的一种经验式研究。Dai 和 Lee（2012）提出一种修正的作业成本法，并采用内部收益率和投资回收期两个指标来衡量新系统的经济可行性。Zhang 等（2016）采取一个绩效分析模型来分析半导体晶圆制造系统的物料搬运系统绩效，文章中提出一种改进的马尔可夫链方法。

2. 室内定位服务系统

室内定位服务系统在弹性物料搬运系统中扮演重要角色，因此关于其研究引起了大量的关注。Liang（2012）研究了在传感器网络中布局聚集节点（aggregate node）来最大化传感器网络数据采集的寿命，约束条件是传感器和聚集节点之间的距离以及传播延迟均小于一定的限定值。考虑到不同传感器之间数据采集的不确定性，Ma 和 Wang（2008）假设采集数据的方差是距离的单调增函数，研究了考虑采集数据精度约束的最小化传感器成本的传感器布局问题。假设传感器只能布局在一个密集的格子网络上，基于分枝界定（branch-and-bound）和禁忌搜索（tabu search）提出一个启发式算法（heuristic algorithm）来求解。Chen 等（2008）研究链状（chain-type）无线网络在地下采矿安全监控方面的布局问题，证明非均匀布局比均匀布局具有更长的寿命，并提出一个动态选择（dynamic choice）算法来实现。Xu 等（2010）研究传感器在自来水污染探测方面的鲁棒性布局（robust placement）问题，并基于方案提出一套最小化最大反悔模型（minimax regret model）和相应的启发式求解算法。

国外学者对传感器布局有着广泛的研究。在传感器探测方面，最经典的是最大化覆盖范围的传感器布局模型。O'Rourke（1987）提出著名的博物馆摄像头布局问题。Younis 和 Akkaya（2008）综述了受到广泛关注的无线网络布局问题。Anton 和 Michael（2012）研究传感器布局在潜水员探测方面的随机优化模型。基于不同的噪声方案，提出隐马尔可夫模型（hidden Markov chain）来估计潜水员的数目。基于超可覆盖（super additive coverage）原则，Sergei 等（2008）研究了水下威胁探测方面的传感器布局问题，并基于连续松弛，提出算法并找到一个准规则布局的近似解。Li 和 Ouyang（2012）研究传感器布局在交通监控和管理方面的应用。在与地点相关的传感器监控失效概率的基础上，提出一个鲁棒性的传感器布局模型来优化监控的效果，并通过拉格朗日松弛算法来实现。Tom 等（2007）研究在一个凸多边形平面上布局数量固定的传感器来最小化最大不可能探测概率的问题。该问题即使在只有两个传感器的情况下也是一个非线性非凸规划问题（nonlinear non-convex programming problem），并提出一个基于冯洛诺伊多边形（Voronoi polygons）的启发式算法来求解。传统的传感器布局大多基于太简单化的感应模型和环境因素处理来优化覆盖范围。过度简单化假设的直接结果是确定性方法求解的理论最优解在现实中并不成立，主要有以下原因：①大多数传感器优化布局都假设二维平面布局，并没有考虑到应用环境的空间因素；②大多数方法都假设全方向感应能力，然而传感器的实际感应能力与方向、距离、环境因素均有关；③传统的方法都假设二元感应模型，即只要在感应距离内，目标100%被感应，否则不能被感应。在定位传感器布局中，定位服务的质量是一个重要的因素。定位服务的质量取决于距离测量的有效性和不确定性、有效距离的数量以及统计估计方法。

Isler（2006）研究布局与定位精度的关系。Sonia 和 Francesco（2006）研究移动传感器网络中的传感器优化布局和运动协调策略。在目标追踪应用方面，提出用费希尔信息矩阵的行列式（determinant of Fisher information matrix）来衡量定位的精度，并找出二维布局中的最优条件。Mauro 和 Prabhakar（2001）研究在移动机器人上如何最优化定位服务精度的问题。Roa 等（2007）研究布局对定位精度和覆盖率的综合影响。考虑到不同的目标可能需要不同定位服务要求，Chiu 和 Lin（2001）研究一个基于差异定位服务要求的定位传感器布局模型来最小化最大加权定位误差距离，并提出一个基于拉格朗日松弛算法的启发式算法来求解。Laguna 等（2009）建立基于多目标规划的准三维布局模型来同时优化定位精度、传感器数目以及覆盖率，并提出多样性局部寻找（diversified local search）算法来求解。由于空气对传感器信号的吸收作用以及环境随机噪声的影响，目标对传感器信号的感应具有不确定性，从而会影响定位服务的可靠性。传统的二元感应模型在现实中很难成立。Dhillon 和 Iyengar（2002）以及 Dhillon 和 Chakrabarty（2003）通过主观指数分布函数来描述不确定感应模型，并通过布局最大化有效覆盖。Hefeeda 和 Ahmadi（2010）提出不确定感应距离模型，但仍局限在二维布局和全方向感应能力假设。Carr 等（2006）研究鲁棒性传感器布局在市政自来水系统污染检测方面的应用，建立一个目标函数中带有不确定系数的混合整数模型，并提出用分支界定法求解。Dhillon 和 Chakrabarty（2002）是第一个把环境空间因素和不确定感应模型结合在一起，然而对空间中的障碍物假设不切实际，且该文的贪婪算法很容易陷入一个次优解中。考虑到非规则感应距离，Maurizio 和 Barbara（2010）提出一个软件辅助的程序来有效布局超声波传感器。并从传感器的成本、有效性以及测量精度方面比较了规则网格布局与遗传算法布局。Vahab 等（2013）提出一个基于感应距离和角度的不确定感应模型，利用地理信息系统（GIS）来优化传感器布局。感应概率通过主观的 S 形函数（Sigmoid function）来描述，并提出用模拟退火算法（simulated annealing）、有限内存整合拟牛顿法 （limited-memory Broyden-Fletcher-Goldfarb-Shanno method） 和 协方差矩阵自适应进化策略（covariance matrix adaptation evolution strategy）来求解。

　　传感器布局是一个著名的难题，即使是基于无方向性感应范围以及单层覆盖的平面布局问题也是 NP-hard 问题（Younis and Akkaya，2008）。因此定位传感器的布局将更加困难，主要是由于有限感应范围、定位精度、不确定感应以及多层覆盖引入了额外的非线性约束条件。由于问题的复杂性，目前已发表的大多数文献都只考虑平面布局问题。Sinriech 和 Shoval（2000）建立一个非线性混合整数规划模型（nonlinear mixed-integer programming model）来最小化传感器的数目，约束条件是预定的关键点都能被至少三个传感器覆盖。由于问题的复杂性，没有提供具体的求解方法。Laguna 等（2009）研究定位传感器的准三维布局问题（传感器布局在目标活动范围上方的一个平面内），但是传感器布局平面和目标活动平面的垂直距离固定，具有适应高度的准三维定位传感器布局问题目前还没有研究成果。Roa 等（2007）比较规则布局策略与随机布局策略，发现即使在小规模应用环境的情况下，两者在传感器数目上的差异也局限在 20%内。

1.3.2　国内研究现状

　　中国学者从 20 世纪 80 年代初期才开始对物料搬运系统进行研究。随着市场经济和物流行业的发展，物料搬运设备的种类和型号也越来越多，那么如何选择设备、确定设备的数量以及保证设备的使用效率等问题的重要性越来越凸显出来，逐渐成为学术界关注和研究的焦点。张育益等（2006）从经济性研究角度出发，首先统计出每种配置方案的总费用，建立设备配置模型，再通过现实比较，最终确定合理的配置方案。潘文军和王少梅（2003）的拖轮作业配置是基于 Matlab 和 Kohonen 神经网络的数据挖掘，最终求解并试验结果和模拟。邬万江（2008）在文献中首先分析了机械设备配置的影响因子，然后从机械设备管理与物流配置角度着手，建立了随机线性规划模型，求解得出设备的最优数量配置。宋伯慧和王耀球（2006）分析优化程序处理设备的配置，基于设备的生命周期成本作为目标建立设备的优化配置模型，这个模型充分考虑到设备的更换操作模式。成耀荣等（2011）在文献中首先介绍了物流园区的发展现状，分析了影响物流园区物流设备规划的一系列因素，建立优化设备配置的整数规划模型，最后利用模糊匹配的物流设备选型方法来求解。杨秋霞（2005）在文中阐述了企业生产物流中物料的搬运方式的选择，通过建立数学模型，对企业生产物流搬运方式进行定量优化，使企业的搬运方式不仅仅局限于定性分析，最后通过实例证明该方法的可行性。殷延海（2009）通过描述物流作业的需求，选择恰当的设备类型和规格，验证了最好的物流设备不一定是最适合物流作业需求，而最适合物流作业需求的物流设备就是最好的，最后将正确的评估方案用于实践。张乔斌（2010）在文献中利用维修费用和影响费用的驱动因子之间的关系式，运用支持向量机回归做到对维修费用的建模预测，提出灰色关联度理论对相关费用驱动因子的预处理。张凯和席一凡（2010）首先通过对设备更新问题的研究，针对物流设施设备维护修理费用较高的问题，提出了一种新颖的最优化费用模型，获得了设备在使用期内维护修理的最优策略。

另一个重要问题是弹性物料搬运系统中传感器布局的研究，国内学者对传感器布局的关注非常少，大部分都集中在探测传感器的布局，即假设传感器的感应范围是全方向的，且目标只需要被一个传感器感应范围覆盖。刘艳等（2010）对结构检测系统中的传感器优化布置算法进行了比较研究，来确定传感器的最佳位置和数目。梁双华等（2012）研究了考虑可靠性和经济性双层目标的瓦斯传感器布局问题，其中矿井通风网络节点为候选布置点，并基于 Pareto 蚁群算法（ant colony algorithm）阐述模型的求解过程。在定位传感器布局方面，陈卫东等（2006）研究了传感器的单位球面布局（发射器和接收器位于目标的单位球面上）与最优定位精度的关系，但是没有研究布局与传感器数量的关系。目前尚未发现国内学者通过研究定位传感器的布局来优化传感器数目。

有些问题，虽然不是以定位传感器布局为背景，但其问题的模型等价于或者可以转化为传感器布局的一个特例。例如，选址问题（location problem）中的覆盖问题（covering problem），即优化在给定时间（距离）内满足所有需求的最小设施建设成本（杨丰梅等，2005；王非等，2006）。覆盖问题的一个重要参数是设施覆盖范围中覆盖距离的定义，基于时间响应或承诺定义的覆盖距离的覆盖问题有广泛的研究（屈波等，2008；胡丹丹等，2010；马云峰等，2006）。方磊和何建敏（2005）研究了应急时间限制（覆盖距离）不确定下的选址优化决策模型，并提出分支界定算法求解。翁克瑞等（2006）研究了多分配枢纽站集覆盖问题，即如何以最少的建站费用选择枢纽站，使所有的 O-D 流都能够在规定的时间、距离或费用内从供给点任意经过一个或两个枢纽站后到达需求点，并提出分散搜索算法（scatter search algorithm）来求解。根据代文强等（2007）的研究，当新的设施建立后，先前已经建立的设施在不删除实际选址约束的条件下，从占线理论出发，考虑了待选址个数不确定的动态选址问题，并设计了一个多项式时间的竞争算法来求解。之前的研究都假设当目标离设施的距离小于限定值（覆盖距离）时，目标将完全被覆盖，否则没有被覆盖。考虑到目标和设施之间的距离对用户满意和服务质量水平的影响，张宗祥等（2012）通过覆盖函数对距离与服务质量水平进行描述的视角探讨逐渐覆盖问题。对现有选址模型进行了改进，使得模型在实践中更具实用性，并给出了求解该模型的拉格朗日启发式算法 （Lagrangian heuristic algorithm）。考虑到需求的不确定性，以及由于意外事件导致设施失灵而造成的供应不确定性或者覆盖服务不确定性，王国利等（2011）提出这两个不确定因素下的设施选址模型，并提出拉格朗日松弛算法（Lagrangian relaxation algorithm）来实现。该模型假设设施失灵的概率是相互独立的，且在同一个时间内只有一个设施失灵。之前文献的研究目标均为布局的设施数目最小或者布局成本与风险成本和最小。由于重大突发事件应急救援设施的选址决策需要考虑设施的公平性、效率性、快速反应以及超额覆盖，陈志宗和尤建新（2006）建立了重大突发事件应急救援设施的多目标（multi-objective）选址决策模型，并建议可采用参数规划的目标加权法和约束法，针对不同的应急救援设施部署策略来求解该多目标模型。上述文献都是局限于单层覆盖问题。为了解决和应对重大突发事件过程中应急需求的多点需求和多次需求问题，考虑到距离对设施服务质量水平的影响以及多层覆盖问题，葛春景等（2011）引入最大临界距离和最小临界距离的概念，在阶梯型覆盖质量水平的基础上，建立了多重数量和质量覆盖模型来最大化覆盖的人口期望，并用改进的遗传算法（genetic algorithm）进行求解。与定位传感器布局问题的区别主要有以下几点：

（1）覆盖范围具有方向性；

（2）定位服务要求定位精度和定位可靠性等；

（3）定位可靠性不仅取决于不确定感应，同时也决定于布局的几何结构；

（4）定位传感器要求空间布局，而非选址问题中的平面布局。

1.4　本书主要创新点

本书的主要创新点包括以下几个。

（1）大规模定制席卷了很多行业，通过结合实践中的行业状况，如酒店服务业、信息产业尤其是制造业。本书从弹性并快速地响应顾客需求的能力角度，发现多样性的扩张给制造业系统施加了巨大的压力。因此，为了实现大规模定制，弹性制造系统必须被部署。作为弹性制造系统的关键部分之一，弹性物料搬运系统对于弹性制造系统的实施具有战略意义。因此，弹性物料搬运系统的设计和计划在大规模定制下的生产计划中被视为重要的问题，本书从实际情况出发，充分结合自动化物料搬运系统的效率优势和人力搬运系统的弹性优势，设计了一个基于室内定位服务的自动化弹性物料搬运系统，为解决大规模定制问题提供了一种更优的解决方案。

（2）随着自动化技术的提升，物料搬运系统对于现代制造业是至关重要的，可以帮助生产扩张和提高生产效率。本书提出了一系列物料搬运系统运营绩效分析的指标体系来衡量比较无轨弹性物料搬运系统与固定轨道系统的优劣。最后，进行了蒙特卡罗模拟，预期的结果得到呈现。这种新型系统是对传统物料搬运系统的改进，更符合实际情况，更具一般性。

（3）在弹性物料搬运系统的应用中，成本估计一直是一个难题，本书提供一种估计弹性物料搬运系统投资所减少的增量成本的方法，尤其是无轨物料搬运系统，因为对于一种新型系统，其安装成本和运营成本无从调查，基于传统的成本作业法，本书提出了一种新颖的改进方法，很好地解决了新系统的成本估计问题。紧接着研究了在服装行业中采取这类弹性物料搬运系统的经济可行性，以及与诸如大批量定制和劳动力成本增加相关的关键成本要素的敏感性分析，证明了该方法的有效性。

（4）室内定位服务正被广泛应用于制造工厂、仓库、机场、商场、医院等以定位和追踪物体，一个精心设计的室内定位系统对提高弹性的制造环境的效率，提升服务行业质量至关重要。本书融合了定位可靠性，运用了信号传播理论建立了不确定感应模型；同时，调查定位要求，如传感器布局性能的精度和可靠性，这使得每个传感器布局策略的能力可以被证明并指导传感器布局设计的实际应用。本书研究了一个新型的传感器布局问题，即布局方向性传感器在正确的适应高度和位置满足定位服务要求的前提下来最小化布局成本。最后通过数学研究的方法，开发了以简单实用的优化模型来决策最优规则布局策略而不是传统的随机布局策略，有效避免大型计算问题。证明在传统布局策略的基础上，考虑了不确定感应以及定位可靠性对布局策略的影响。

（5）超声波定位传感器的布局是定位系统设计的关键，因为它不仅决定着定位绩效，同时也决定着成本绩效。如果布局的定位传感器太少，某些区域不能达到定位绩效要求。反之，如果布局太多的定位传感器，不仅会增加布局成本，同时，由于每个目标被太多的定位传感器覆盖，导致每个目标的定位周期过长，从而导致动态定位绩效变差。综上所述，超声波系统中的定位传感器布局策略，即在正确的位置布局正确数量的定位传感器具有重要的理论与实践意义。另外，根据信号处理理论，只有当一个超声波的声压级大于一定的阈值时，信号才会被感应到。由于应用环境中一般存在干扰噪声信号，那么接收的超声波声压级中包含随机干扰项。因此我们考虑了由干扰噪声带来的不确定感应问题，通过对不确定感应特性的研究来提高超声波定位系统的可靠性。在实际应用中，定位传感器一般布局在目标移动平面的上方，因此我们研究了这种情况下的准三维布局问题，即在目标移动平面的上方以恰当的高度在正确的位置布局适当数量的定位传感器。同时我们也研究了定位服务的准确性和精确性对布局绩效的影响，并分别考虑了规则布局模式和非规则布局模式。本书致力于研究不确定感应条件下，考虑定位传感器的布局方向对定位传感器布局性能的影响。更进一步，我们探索了通过集群（clustering）来扩大最大感应角度和感应范围对定位传感器布局问题的影响。

（6）随着电子商务的发展，基于室内定位服务的弹性物料搬运系统在仓库中的应用日益引起关注，但是目前关于该类研究较少，而本书研究室内定位服务在仓储系统中的应用，通过基于室内定位服务的弹性物料搬运系统去满足顾客多样化需求，减小市场不确定性，具有很强的理论创新性。本部分内容的编写很好地适应了电子商务的发展，理论领先于实践，因此具有很强的指导意义和应用前景。

（7）基于信号处理理论以及信号在空气中的传播理论来建立感应距离与不确定感应概率的关系，借助组合数学方法建立了定位可靠性模型。然后通过可靠性理论描述定位或导航服务的可靠性，最后把导航服务的可靠性考虑到定位传感器的布局问题中。

1.5　本书主体内容

在电子商务的大环境下，企业的生存环境发生了巨大变化，市场的不确定性，客户需求的多样化，以及产品的生命周期越来越短，竞争愈来愈激烈，弹性制造以及电商仓库的运营面临巨大的挑战。自从将室内定位服务引入弹性物料搬运系统的设计中以来，生产企业和电商企业通过优化物料搬运流程，极大地提高了企业的运营效率。实践中众多企业采用基于室内定位服务技术的物料搬运系统，大多数都取得高于行业平均水平的傲人业绩，这也进一步推动了弹性物料搬运系统在我国的推广和发展。

室内定位服务是弹性物料搬运系统取得成功的关键环节。在室内定位服务的研究中，传感器布局是一个核心问题，其本质是一个选址问题中的集合覆盖问题，即用传感器的感应区域来覆盖目标的活动范围，并满足一定的服务要求。由于定位服务需要每个目标被至少2～3个传感器覆盖，因此本书拟研究问题的本质是一个多层集合覆盖问题。在工业工程或运筹管理领域，多层集合覆盖问题是一个公认的难题。研究该类问题的重要性不言而喻，因为传感器的布局不仅影响着系统的复杂性以及成本，也影响到定位或导航服务的质量。关于不确定感应被国外学者关注的时间不长，虽然有几位国外学者已经在探测应用中提及，但对其研究不充分、不彻底，同时在定位或导航服务应用中尚未得到关注。由于国内研究局部定位或导航服务的人不多，大多集中于系统的设计或室外 GPS 导航。在传感器布局方面，大多停留在探测应用方面，譬如选址问题。本书的研究主要针对不确定感应的特点，研究数个贴近中国实际的、复杂的传感器布局问题，并提出一系列的新模型、新理论和新方法，进而得到一些管理启示。

　　本书的主体内容包含两部分：无轨弹性物料搬运系统的设计和评价以及无轨弹性物料搬运系统中的室内定位服务系统的设计。无轨弹性物料搬运系统的设计以及评价主要以需求高度个性化和快速变化的服装制造业为例来研究系统的设计、分析运营绩效以及分析经济可行性。室内定位服务系统的设计主要集中在定位传感器的布局问题上。由于定位传感器布局问题与传感器特征、服务要求、应用环境以及感应模型有关，具体的布局问题分类见图 1.2。本书主要研究在考虑不确定感应和定位服务质量的条件下，在准三维或者三维空间中如何规则布局方向性传感器。

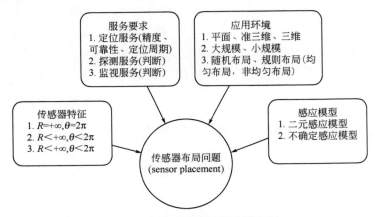

图 1.2　传感器布局问题分类准则

　　通过以上综述可见，基于室内定位服务的弹性物料搬运系统的设计研究是蓬勃发展的领域。本书的主要内容集中在以下几个方面：第 1 章为绪论，主要介绍研究背景并对相关研究进行回顾；第 2~4 章为新型弹性物料搬运系统的设计与绩效分析；第 5~7 章为新型弹性物料搬运系统中定位服务系统中的传感器布局策略研究；第 8~9 章为展望与总结。详细描述如下：

　　（1）基于大规模定制的弹性物料搬运系统设计。大规模定制带来了大量的产品扩张和频繁的产量变化的挑战。弹性制造已经被视为这些挑战的主要解决途径。然而，没有弹性物料搬运系统，弹性制造无法成功地实施。因此，关于弹性物料搬运系统的设计和计划吸引了大量的研究者。本书首先回顾了应用于大规模定制条件下的不同类型的弹性物料搬运系统。为了评估弹性物料系统的绩效表现，提出定性和定量的测量指标。设计应用于服装行业的弹性物料搬运系统的布局。为了评估提出的弹性物料搬运系统的有效性，建立蒙特卡罗模拟和分析模型来比较使用弹性物料搬运系统的企业与使用在服装行业被广泛应用的无轨系统的企业在运营绩效上的差别。基于我们的分析，在大规模定制的环境下，本书提出的弹性物料搬运系统比固定轨道的弹性物料搬运系统更加有潜在优势。

（2）基于室内定位服务的弹性物料搬运系统设计与运营绩效分析。弹性物料搬运系统被广泛地用于在产品扩张过程中提高生产率，另外到目前为止，只有固定路径的物料搬运系统如 Eton 系统在服装行业得到了广泛的使用。研究了使用装有局部定位系统的无轨自动引导车的服装行业弹性物料搬运系统的潜在优势。首先，设计用于服装行业的弹性物料搬运系统。然后，通过蒙特卡罗模拟和分析模型，分析关于制造系统效能方面的绩效、工作站使用率以及弹性物料搬运系统的总搬运距离与固定路径系统进行了比较。基于我们的分析，目前提出的弹性物料搬运系统与固定路径的系统相比，有着明显的优势。

（3）基于室内定位服务的弹性物料搬运系统的经济可行性分析。弹性物料搬运系统已经被广泛地应用于提高涉及产品个性化方面的产量，到目前为止，只有诸如 Eton 系统的无轨物料搬运系统在服装行业得到了普遍使用。本书研究了在服装行业中采用配备有局部定位系统的无轨自动引导车的弹性物料搬运系统的经济可行性。采用弹性物料搬运系统的增量成本用基于组件的方法和修正的成本作业法来估计，接着采用内部收益率和回收期评价项目的经济绩效。研究结果表明，采用弹性物料搬运系统具有可观的内部收益率。

（4）弹性物料搬运系统中定位传感器布局策略研究。超声波定位系统被广泛用于制造业和服务业侦测、定位和追踪目标。决定一个超声波定位系统性能的关键因素之一就是传感器布局。基于定位精准度尤其是定位可靠性方面的传感器特征和应用条件，我们通过优化方法研究了在目标物平面上方的传感器布局策略。同时我们也研究了定位要求对定位策略的影响。结果表明对于有低精度要求的正三边形布局、正四边形布局或正六边形布局模式来说，每个布局模式的最佳布局边长被几何约束和定位可靠性约束所限制，并且布局方式只有在上界和下界的差距被精度要求区分明显的时候才有效。然而，对于具有高精度要求的正六边形布局来说，最佳布局边长是受定位精度要求约束的上界所限制的。随着传感器在目标平面的高度的增加，定位要求的增加会显著减少最佳边长。定位传感器的布局模式也是另外一个重要因素，研究结果表明，在宽松的精度要求下，正三边形布局模式是最好的；当精度适中时，正四边形或正六边形布局模式是最好的；如果精度要求很高，只有正六边形布局模式是最好的。从传感器布局策略的比较中可以看出，对于常用的传感器设备，三种常用布局策略的比较能有效降低定位传感器数目。

（5）定位传感器布局方向对定位传感器布局策略的影响研究。超声波定位系统在仓库和水下自动化对象追踪中发挥着重要作用。决定超声波定位系统的性能的关键因素之一是定位传感器布局。现有文献仅限于定位传感器垂直向下朝目标移动平面布局的研究。在这项研究中，我们考虑了正三边形布局、正四边形布局或正六边形布局三种常用的规则布局模式，分析显示，通过调整定位传感器的布局方向，正六边形布局模式是最好的选择，同时单个定位传感器的覆盖范围的提高与定位传感器的布局高度呈负相关。甚至在定位传感器的布局高度系数小于20%的条件下，不同影响因子可以通过非规则布局和规则布局来分别实现。在正三边形布局模式、正四边形布局模式和正六边形布局模式下规则 NPP 布局方法与规则 PP 布局方法的布局绩效的比较与定位传感器的布局高度系数有关，且存在一个关键的定位传感器的布局高度系数使得两者的布局绩效相当，分别为 0.35、0.4 和 0.45。在三种规则布局模式下，当定位传感器的布局高度系数小于关键的定位传感器的布局高度系数时，放松定位传感器的布局方向约束可以提高布局的覆盖系数。当定位传感器的布局高度系数增加时，放松定位传感器的布局方向约束的优势降低。而且，在正六边形布局模式中，规则 NPP 布局与非规则 NPP 布局的覆盖系数是相似的，但是规则 NPP 布局能节约超过 85%的定位传感器基站数目，这使得定位传感器的部署和运营具有成本效益和实用性。

（6）基于定位服务的弹性物料搬运系统在仓库中的应用设计研究。随着电子商务的快速发展，网上商店在向顾客提供商品，满足顾客需求的同时，亦需要提高顾客的满意度，这其中商品的发货速度就是衡量顾客满意度的一个重要指标。因此，在仓储中需要提高物料搬运系统的精确度，快速完成取货、搬运、发货的过程。室内定位服务在仓库自动化过程中扮演重要的角色。鉴于此，本书研究了基于定位服务的弹性物料搬运系统在仓库中的应用。仓库中的传感器布局问题与传统问题的区别在于目标和传感器均在三维空间。同时对动态定位的精度要求比较高。因此我们分别提出了两种方法来布局定位传感器，并对布局绩效和计算复杂度进行了对比。本书的研究，为我们以后对基于室内定位服务的弹性物料搬运系统的研究奠定了坚实的基础。

第2章 大规模定制环境下基于室内定位服务的弹性物料搬运系统的框架设计

2.1 导　　言

在买方市场下，企业更加注重时效性和满足客户需求。随着现代市场竞争的加剧，满足顾客的个性化需求，为顾客提供定制化的产品，提升顾客满意度和忠诚度，这些都逐渐成为企业不断追求的竞争优势。然而，个性化是客户化市场的需要，规模化是降低企业生产成本的重要方式，个性化和规模化是生产系统中存在的长期矛盾。大规模定制的发展为满足个性化客户需求并实现低成本高效率的规模化生产提供可能，它以独特的优势，快速席卷了制造系统，在国内外得到了快速发展。戴尔（Dell）开创"直销模式"，用户能在网上自由选择 PC 的各类零部件；丰田汽车在零售商展厅中安置 CAD 系统，顾客根据现有的模块设计私人汽车，通过实施大规模定制，获得显著的竞争优势。

大规模定制思想最早由 Toffler（1984）在 *Future Shock* 中提出，Davis（1987）在 *Future Perfect* 中首次使用大规模定制一词，随后 Pine（1993）在 *Mass Customization：The New Frontier in Business Competition* 中对其进行了系统论述，标志着其理论研究和实践应用的开始。大规模定制要求企业满足顾客个性化需求的同时具备规模生产的效率，改变了传统产品生产和供应链管理方式，将设计和生产过程从"按库存生产"转变为"按订单生产"，从"批量生产"转变为"多品种，小批量"生产。 然而，大规模定制最终会大幅度增加产品多样性和提高需求变化频率，从灵活并快速响应顾客需求的角度，产品多样性的扩张给制造业系统带来了巨大的成本压力。为了适应向客户个性化过程的转变，企业必须重新设计生产和服务系统，考虑生产系统的敏捷性、灵活性和集成性，以平衡产品投放时间、产品种类和生产规模。Bock 和 Rosenberg（2000）、Chakraborthy 和 Banik（2006）、Cheung（2005）、Xiao 等（2001）的研究表明弹性制造系统是实现大规模定制最常用的方法之一。Sule（1994）和 Tompkins 等（2002）等研究表明物料搬运成本占产品总成本的 30%～75%，有效的物料搬运可以使生产制造系统的运营成本降低 15%～30%。然而，设计不合理的弹性物料搬运系统却会严重干扰生产系统的总体绩效，导致生产力和竞争力的巨大损失以及难以接受的超长交货期（Chakra-borthy and Banik，2006）。因此，弹性物料搬运系统在弹性制造系统中起着决定性作用，而大规模定制的成功实施离不开弹性制造系统，从而作为弹性制造系统关键部分之一（图 2.1），弹性物料搬运系统的设计和计划在大规模定制下的生产计划中被视为关键的研究问题。

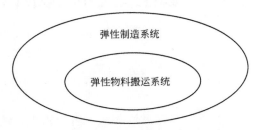

图 2.1　弹性制造系统和弹性物料系统关系图

　　现实世界中存在不同物料搬运系统，不同的系统在具体应用中有各自的优缺点。因此，为大规模定制挑选合适的物料搬运系统是至关重要的。例如，随着条码技术和无线射频识别技术的到来（RFID），物料活动可以被有效和自动地追踪，这有助于大规模定制朝自动化方向发展。

　　本章将介绍不同的物料搬运系统并通过优缺点的分析，挑选出适用于大规模定制的弹性物料搬运系统，研究证明，弹性物料搬运系统更加适用于大规模定制下的企业制造商环境，无轨弹性物料搬运系统具有潜在优势；并对基于室内定位服务（LPS）和自动引导车的无轨弹性物料搬运系统的框架设计进行详细阐述。

2.2　弹性物料搬运系统对比分析

　　随着企业的生产方式由大批量生产转向小批量、多品种生产，制造业系统面临着新的压力，这种生产方式需要及时搬运大量不同类型的原材料以及零部件或者在生产线上同时组装不同的产品，这些特点要求企业物料系统具有一定的柔性。为选择适用于大规模定制的物料搬运系统，我们运用定性的方法评估和比较了不同的弹性物料搬运系统，发现对于大规模定制而言，无轨弹性物料搬运系统具有较为显著的潜在优势。

2.2.1　物料搬运系统类型分析

　　物料搬运是企业生产物流的重要组成部分，是对材料、产品、零件或其他物体进行移动、运输，以满足生产的需要。20 世纪 70 年代，Meyers 和 Stephens（2002）提出物料搬运（material handling）是指在一定的时间内，将适量的物料在一个准确的位置或状态，按照顺序将物料运输到指定的地方，以减少生产成本。物料搬运有 5 个方面：搬运、数量、时间、空间和控制。单次搬运物料的数量决定了物料搬运设备的类型和性质，同时也决定了货物运输的单件成本。物料搬运体系设计的合理，对产品加工质量、成本、生产时间、物流经营体制、资金的回转和企业的经营效益都会有很大的帮助。20 世纪 80 年代初，理查德·缪瑟介绍了搬运系统分析（system handling analysis）方法，表明合理的物料搬运系统设计和管理方法，合理地配置作业人员、移动设备和搬运单元，缩短搬运时间，降低搬运成本，对企业具有重要的现实意义。在大规模定制环境下，合理的弹性物料搬运系统对企业应对新的需求和生产环境变化，具有重要意义。

物料搬运系统涉及物料搬运设备的选择和每个物料搬运设备所要承担的作业，以及给每个设备分配物料搬运作业（Sujono and Lashkari，2007），其中，物料搬运设备承担的作业主要取决于物料搬运设备本身及其分配方案。因此，我们参照物料搬运设备的类型对物料搬运系统进行分类。物料搬运设备被分成工业货车、传送带（图 2.2）、有轨自动引导车（图 2.3）、悬挂式物料搬运系统（图 2.4）、吊车、工业用机器人、自动存储/检索系统（AS/RS）等（Kim and Eom，1997）。实际上，人工物料搬运在许多行业仍然相当流行，如电子制造行业和服装行业。由于人工物料搬运，工业货车，以及吊车有人力的参与，我们将其归纳为人力型物料搬运系统。工业用机器人和自动存储/检索系统在固定位置上操作，因此，它们可称为定点型物料搬运系统。最近，人工智能被应用于物料搬运，Dai 等（2009）提出基于室内定位服务系统的无轨自动引导车物料搬运系统的概念。其他物料搬运系统的分类如表 2.1 所示。

表 2.1　物料搬运系统类型

系统类型	例子
人工类型物料搬运系统	人工搬运、工业用货车、吊车
传送机物料搬运系统	传送带、滚筒传送机
定点物料搬运系统	工业机器人、AR/RS
固定轨道自动导引车物料搬运系统	起重自动导引车、拖拽自动导引车
无轨自动导引车物料搬运系统	无轨物料搬运系统
悬挂式搬运系统	Eton 系统、悬挂输送系统

图 2.2　传送机物料搬运系统

图 2.3　固定轨道自动引导车物料搬运系统

图 2.4　悬挂式物料搬运系统

2.2.2 弹性物料搬运系统对比分析

AGV（automated guided vehicle）又名自动引导车，是一种自动化的无人驾驶的智能化搬运设备，属于移动式机器人系统。这一运输装载工具可以通过特定的导航系统在固定的场地按照设置的路线完成货物的搬运。此外，该小车可以凭借所配备的传感器，确定货物或障碍物的位置，从而保证运输过程中的安全性。它可以在合理投资成本之下将物料搬运工序的效率最大化，具有动作灵活、工作效率高、智能化和作业安全性高的优点。基本特点如下：

（1）能够和自动仓库系统中的自动输送线配合作业，完成货物的自动装卸。

（2）可以自动输送货物到指定地点。

（3）实现重复性工作的可靠性。

（4）导向方便，便于整体车间环境的重新布置和实现功能调整。

（5）由于 AGV 带来的效率提升所产生的回报一般远高于其相关投入，并且总的运营成本低，包括预防性维护成本和修理成本。一般的 AGV 系统的投资回报周期为 1～2 年，因此风险较低。

相比人工搬运系统和固定的自动化系统，无轨的 AGV 系统可以为可靠而安全的物料搬运提供非常灵活、动态的解决方案，并且能有效提高空间利用率。同时，轨道弹性能保证不会对其他交通产生影响。从而快速适应变化的路径，避免昂贵的改装成本。最后无轨 AGV 系统能更好地与企业的 ERP 系统、互联网技术等融合。

悬挂式搬运系统一般可以分为两种：悬挂输送机和空中自行小车系统。两种模式在本质上有较大区别。悬挂输送机是一种连续输送设备，主要由牵引链条、滑架、吊具、架空轨道、驱动装置、拉紧装置和安全装置等。而空中自行小车系统是一种按照预设轨道运行的空中悬挂系统，可以说是规定轨道 AGV 系统的一种，只是该轨道悬挂在空中。该类型的系统有如下优点：

（1）可在三维空间内任意布局，空间利用率非常高，能节省地面场地。因此随着核心大城市的土地资源的稀缺和增值，该类系统的优势愈发凸显。

（2）可以布局很长的轨道来实现较长距离的搬运。

（3）结构非常简单，可靠性高，且能在各种恶劣环境下使用，适用于各种较为复杂的作业及稳定性要求较高的行业。

（4）造价相对较低，能耗少，维护成本较低。

但是该类系统也有其缺点：

（1）承载重量有限，不适应于大批量的物料。

（2）控制系统较传统系统复杂。

（3）轨道固定，缺乏弹性。当其中的某个链条出现问题时，整个系统将不能运行，可靠性不足。

（4）由于在空中作业，对下面的作业人员需要做好防护和安全保护。

目前有大量的文献研究弹性物料搬运系统的评价和选择（Fonseca et al.，2004；Rao，2007；Sujono and Lashkari，2007）。同时也提出了大量的模型来比较物料搬运系统的绩效。大规模定制之所以受欢迎是由于其对顾客不断变化的需求的弹性和快速反应。因此基于弹性和速度，上面的弹性物料搬运系统在图 2.5 中进行了比较。同时我们考虑了不同物料搬运系统的装置成本、运营成本、产品质量以及可靠性。由此我们可以意识到无轨自动引导车系统在满足大规模定制要求方面的优势。因此下面我们将基于室内定位服务系统，对基于自动引导车的无轨弹性物料搬运系统进行详细设计。

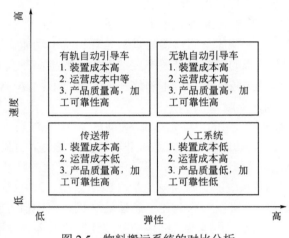

图 2.5 物料搬运系统的对比分析

2.3 大规模定制环境下基于室内定位服务的弹性物料搬运系统的框架设计

在本节中，我们通过考虑显著影响物料流动和搬运系统绩效的事项，特别是系统结构的设计、操作方法和系统，探讨基于大规模定制下的无轨弹性物料搬运系统的设计。

2.3.1 系统结构

无轨物料搬运系统的主要概念是指它可以支持无轨物料搬运而不是固定轨道的物料搬运。为了达到无轨的特性，该系统需要以下的结构和子系统。

1）室内定位系统（LPS）

为支持无轨自动引导车的功能，需要一个室内 LPS 来为无轨自动引导车提供位置信息服务。具有潜在成本效益和准确的超声波定位系统可用于自动引导车（Mahajan and Figueroa，1999）。在超声波定位系统中，超声波和无线电频率的发射器被安装在工厂的天花板上，而接收器被安装在无轨自动引导车上。由于无线电频率比超声波传播要快得多，来自同一个发射器的同步传输信号将会在不同的时间到达接收器。基于无线电频率和超声波传播的时间差异，其中一个可以决定发射器和接收器之间的距离。多点定位方法是通过在不同位置安装多个发射器来定位无轨自动引导车。许多算法，如卡曼滤波算法和粒子滤波算法也可以被用来提升追踪和导航的性能。

2）中央控制器

它在制造业中得到了广泛的应用。在无轨物料搬运系统中，中央控制器的设计有几方面的目的。第一，它可以监控和控制无轨自动引导车的运动以及整个制造系统。第二，它可以用来识别失败和问题以及优化生产系统。第三，为了加载物料以及同时给工作站派遣任务，它通过无线电向工作站的加载模块发送命令。第四，它储存由无线射频识别技术（RFID）收集的产品或物料的信息。

3）无轨自动引导车

自动引导车的功能与卡车相似。然而，由于在物料搬运系统中路径的空间有限，对于无轨自动引导车而言，有不用改变其位置就能够转 90°来改变路径方向的能力是极其重要的，因此，它需要采用一个特别的设计。其中一种提供狭窄地段转弯的简单方法是给无轨自动引导车的左右轮子上使用两个独立的发动机。此外，该车由以上讨论的中央控制器控制。该功能的实现首先取决于通过室内定位系统 LPS 的位置服务获得的无轨自动引导车的位置信息。其次，无轨自动引导车传输定位信息到中央控制器。最后，中央控制器给无轨自动引导车规划路径，并确定完成的速度和方向。发动机的电源由可充电电池供应。

4）工作站

在这个系统中，工作站应该为无轨自动引导车配备装卸系统。为追踪物料流动，可以使用 RFID 或条码。为增加吞吐量，可以使用容纳几个托盘的缓冲区。

5）电池充电/更换站

它是一个为无轨自动引导车充电或者更换充电电池的支持站。无轨自动引导车需要迅速和准确地停靠在电池充电/更换站；因此，经过特别设计的机械轨道被安装在靠近站点的地方。

2.3.2　操作方法

前一个部分描述了无轨弹性物料搬运系统的主要结构。在这个部分，我们将讨论无轨弹性物料搬运系统的操作方法。

1）加载顺序

中央控制器将会根据生产过程生成生产计划、物料清单、订单大小以及生产线的状态。然后，按该生产计划、物料流动要求生成工作站的加工顺序以及物料的加载顺序。当出现紧急订单的时候，中央控制器会相应调整物料加载顺序以及工作站和无轨自动引导车的加载顺序。

2）无轨自动引导车调度

中央控制器根据物料流动的需求和无轨自动引导车的状态，如可用性和位置来进行调度。当无轨自动引导车的状态发生变化时，譬如耗尽电量或出现故障，系统会调度另外一辆车来继续完成任务，同时调度一辆车来清除故障。

3）路径选择

中央控制器根据无轨自动引导车的定位和方向以及交通条件为无轨自动引导车决定最优的路径。目的包含完成物料搬运任务、规避障碍、清除障碍、充电任务等。

4）无轨自动引导车运行控制

借助 LPS 的帮助，中央控制器能够追踪无轨自动引导车的运动轨迹。然后，中央控制器将会选择无轨自动引导车的最优的速度和方向。中央控制器将能够控制发动左右轮的控制电流达到实现计划的速度和方向的目标。无轨自动引导车的左右轮安装有压力传感器来辅助计算运行距离。同时安装在无轨自动引导车上的罗盘能测量运行方向。

5）交通控制

为了避免拥挤和碰撞，中央控制器必须协调无轨自动引导车的移动。LPS 和调度算法在这一步骤扮演了至关重要的角色。借助无线射频技术的无线通信实现了这样的控制。无线射频技术主要给各个无轨自动引导车进行编码，无线通信主要进行控制指令的沟通。

6）部件装卸

一旦无轨自动引导车到达指定的工作站，装卸操作将会发生。这个操作通过室内定位系统和 RFID 技术由中央控制器进行控制和监视。主要通过自动引导车上安装的简单的机械装卸装置来完成任务，且可以根据不同的物料特征修改装卸装置来提高效率。

7）物料追踪

同 Eton 系统类似，本系统同样采用 RFID 技术来追踪物料的流动。目前 RFID 技术已经较为广泛地使用在服装业产成品的追踪。

8）路径重置及优化操作

这是无轨弹性物料搬运系统的潜在优势。有时生产线中的工作站或无轨自动引导车的状态会发生难以预料的变化。例如，工作站或者无轨自动引导车的故障问题。中央控制器可以给无轨自动引导车修改调度和路径命令。为了避免交通堵塞，失灵的无轨自动引导车将会被拉回到自动引导车的充电站或存储站。系统流程如图 2.6 所示。

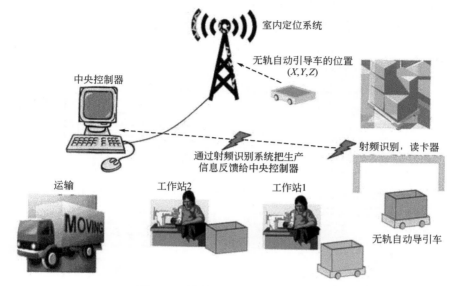

图 2.6　无轨物料搬运系统的流程图

2.3.3　系统布局

在过去的几十年中，设施布局设计问题一直是一个非常活跃的研究领域，并且对许多优化模型进行了回顾（Chittratanawat，1999；Kim and Goetschalckx，2005）。然而，所有的模型都假设我们已经事先了解关于不同产品的质量和路径选择的信息。在服装行业，需求快速变化并难以预测，因此在本章中，我们主要从近似系统的性能和安全的角度，聚焦于构建无轨物料搬运系统的概念布局。基于在附录中描述的由无轨系统主导的空间，我们设计了无轨物料搬运系统的布局。图 2.7 展示了无轨物料搬运系统的布局设计。为了使我们的系统能够使用中央控制器、LPS 以及无轨自动引导车来良好运行，我们需要在系统布局上有特别的考虑。为了避免在我们的无轨物料搬运系统中的人流干扰，设计中把自动引导车和人的运行路径分开。

如图 2.7 所示，装卸的工作站被安置在顶部。自动引导车充电站位于底部，另外工作站被放在中间。每个工作站包含一个由小矩形表示的装载区域和由大矩形表示的操作区域。这些工作站被分成小组，另外中央控制的无轨自动引导车的路径将所有的小组连接在一起。无轨自动引导车只能够进入小组路径和连接小组工作站之间的路径。无轨自动引导车的路径能够容纳双向平行行驶的无轨自动引导车。因此，一旦一个无轨自动引导车出现故障，由于无轨自动引导车经过特殊设计并可以转 90°，另一个无轨自动引导车可以穿过路径来保证连续的物料搬运和避免拥挤。小组之间的走道只允许工人们进入。在这种的情况下，这样的设计出于安全的考虑可以将人和无轨自动引导车分开。由于无轨系统的特性，为了让操作者易于维修、更好地进行资源共享以及获得技术支持，具有相似功能的机器可以采用功能布局、产品布局或者混合布局的方式。

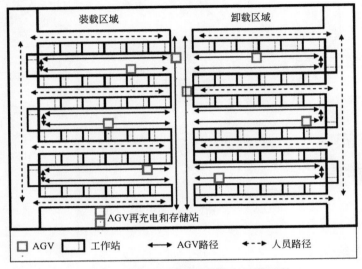

图 2.7　无轨物料搬运系统的布局原理图

2.4　本章小结

本章首先分析物料搬运系统在制造系统中的重要作用和地位。然后从个性化需求以及成本竞争的角度分析。本章主要从大规模定制的需求出发，从定性的角度比较了不同类型的弹性物料搬运系统的性能。然后以服装制造业为例，结合固定轨道弹性物料搬运系统和人工物料搬运系统的优势，提出了一个基于室内定位服务和自动引导车的无轨弹性物料搬运系统。并对该系统的系统结构、操作方法以及布局进行了详细的设计。

第3章 基于室内定位服务的弹性物料搬运系统的运营绩效分析

3.1 导 言

弹性制造系统（flexible manufacturing systems，FMS）对于现代制造业是至关重要的，可以帮助企业扩张生产和提高生产率（Paraschidis et al.，1994）。作为弹性制造系统的关键组成部分之一，弹性物料搬运系统（flexible material handling system，FMHS）在弹性制造系统实施过程中扮演战略性的角色（Beamon，1998；Jawahar et al.，1998）。Tompkins 等（2002）认为，总生产成本的 20%～50%用在物料搬运上。选择合适的物料搬运系统可以减少生产交货期、提高物流的效率、提高设备利用率以及提高生产力。高效的物料搬运系统可以帮助工厂减少 15%～30%的运营成本（Sule，1994）。因此，确定合适的物料搬运系统对于降低成本和增加利润是非常重要的。因此，物料搬运系统的绩效分析对于企业提高生产率并增加利润是至关重要的。

在物料搬运系统的设计与优化的过程中，绩效分析模型可以为捷径布局、搬运设备、缓存设置等方面的问题提供一些借鉴（陈锦祥和周炳海，2013），以分析获得物料搬运系统的优化布局和运行参数。从绩效分析模型与现实系统的对比中得到修正与完善。丰富的绩效分析模型为优化物料搬运系统提供支持。另外，物料搬运系统的绩效分析模型可将各个节点和总的在制品进行快速、准确的评估，并在合理的范围内控制误差。因此，在无需花费大量的物力、财力以及时间的情况下，构建出系统仿真模型并对其进行绩效分析，获得物料搬运系统的相关运行情况并对其进行优化。另外，现今，市场上有各种各样的物料搬运系统，它们各自具有不同的特点和成本，因此，根据物料搬运系统的绩效来选择适合企业需求的物料搬运系统是至关重要的。

为了增加生产率和提高产品质量，FMHS 一般装有有轨自动引导车（AGV）和传送带，有轨自动引导车将服装从丝网印刷加工区域运送到折叠包装区域，另外传送带将装箱的货物从折叠包装区域运送到集货区（Aldrich，1995）。Walking Floor 自卸系统是一个通过三个液压缸来完成典型驱动的按顺序操作的往复底板式输送机，它为提高物料搬运系统的生产率提供了可能（Beason，1999）。单元式生产系统（unit production system，UPS）通过一个悬挂式工具搬运物料，与传统的捆绑系统相比，它提高了效率并降低了在制品库存（Hill，2015）。目前市场上存在两种 UPS 系统：一个是来自美国的 TUKAtrack 信息追踪系统，另一个是来自瑞典 Eton Systems 的 Eton 系统。其他的服装行业的物料搬运解决方案包括基于丰田生产系统（Toyota system style）和手工传送服装的快速响应方法，以及英国 Peter Ward 的高架缝纫生产线。Salpomec 有限公司用于服装生产、搬运、仓储以及运输系统的 Magic Tube（Tait，2004）。然而，瑞典 Eton 系统仍然在现代服装行业中保持领先地位（Tait，2007）。随着自动化技术的提升，于 1955 年第一次被引入的自动引导车系统（Muller，1983），由于它的弹性，目前已经成为现代工厂的主流物料搬运设备，特别是无轨自动导引车。近年来，基于室内定位服务系统的无轨自动引导车的 FMHS 系统（Mahajan and Figueroa，1999）在仓储和其他制造领域表现出较好的发展前景。因此，研究在服装业中这样的无轨弹性物料搬运系统是否比固定轨道的搬运系统更有优势是很有研究意义的，这也是本章的主要研究目的。

3.2　物料搬运系统绩效指标综述

在已有文献中，大量研究集中在物料搬运系统和设备的选择上。智能计算机系统，如专家系统和决策支持系统等被开发用于物料搬运系统和设备的选择。专家系统的最成功的应用之一是物料搬运设备的选择。它根据一些特点，如类型、重量、尺寸等搜索知识库来推荐机械化程度和物料搬运设备的类型（Fonseca et al.，2004）。Malmborg 等（1987）开发了一个原型专家系统，该系统考虑 17 种设备属性和 47 个工业卡车选型问题。Fisher 等（1998）引进 MATHES 系统，即物料搬运设备选型专家系统，它考虑了 16 个物料搬运设备选项以及设备绩效的 172 条规则，如路径、物料流体积、单位大小和部门之间的距离等参数。Matson 等（1992）开发了一个 EXCITE 系统，即近距离搬运设备的专家顾问系统，该系统考虑了 35 种设备类型、28 种材料和搬运方法属性以及 340 条决策规则。Chan 等（2001）描述了一个智能物料搬运设备选择系统，即物料搬运设备选择顾问（MHESA）。自动化物料搬运设备的设计选择系统被提出并提供人工智能的决策过程。影响模型选择分组的有四个主要的指标类别：绩效指标、技术方面、经济方面、战略方面。绩效指标主要包括速度、负载能力、精度、效率和可重复性。

国外围绕物料搬运系统的绩效分析有大量的研究成果。Pierce 和 Stafford（1994）开发了一个离散事件仿真模型，该模型模仿物料搬运手动和自动系统的绩效。交货时间、提前期时间和资源利用率可以作为绩效指标。结果表明，追踪设计、车辆数和速度会影响系统的绩效。Cardarelli 等（1996）展现了自动化晶管物料搬运和储存系统的绩效，绩效指标主要考虑设计选择的影响、生产计划与调度、系统管理和经营者的行为，结果表明，沿晶管工厂分布的存储容量是极其重要的。Mackulak 等（1998）认为基于软件驱动的仿真评估和选择系统 AMHS是一个有效工具。仿真能够通过详细分析并比较工厂自动化设计系统组件的布局、绩效、容量限制、晶片率运行、运行要求、停机时间参数、自动化需求和所有这些元素的集合。

　　国内亦有部分关于物料搬运系统绩效分析的研究。陈锦祥和周炳海（2013）提出了一个自动物料搬运系统的绩效分析模型，该模型基于排队理论和针对450mm 晶管制造系统中连续搬运方式运行的整体式 AMHS 系统。实验与仿真结果表明，绩效分析模型能快速、准确地求得期望和总在制品数量和设备利用率。吴立辉和张洁（2013）基于改进 Markov 建模思想，提出一种 AMHS 绩效分析建模方法。该方法考虑了 AMHS 的运输捷径导轨布局、运输小车堵塞以及运输小车随机等特性，从而满足对大规模、复杂和随机的 AMHS 性能分析建模的需求。朱登洁和吴立辉（2014）提出一个基于排队网络的 AMHS 绩效分析模型，该模型为提高 AMHS 的绩效分析建模准确性，采用"虚拟元"描述运输捷径，分析运输小车在"虚拟元"上的状态变化特性，为 AMHS 的优化设计提供基础和平台。绩效指标包括空载小车平均到达时间间隔、搬运量、小车平均利用率。周炳海等（2015）为了快速、有效地评价基于晶圆优先级的连续型自动物料搬运系统的性能，采用基于排队论的方法构建了一个性能分析模型。该模型考虑了服务时间的变动性，引用满足系统排队实际的相关排队模型，构建了系统期望在制品的数学表达，采用高斯迭代法求解，获得了排队网络模型的各状态访问率的值，在此基础上对AMHS 的各性能指标进行分析。实验结果表明，在相同的实验条件下，通过分析绩效分析模型与仿真模型得到的系统在制品量，任何情形下的绝对误差都控制在5%以下，绩效分析模型完全能满足系统性能评价的要求。

3.3　弹性物料搬运系统的运营绩效指标

　　为了评估无轨弹性物料搬运系统在服装行业的有效性，本章提出几个绩效指标，并探究了用于无轨弹性物料搬运系统和 Eton 系统绩效评估的这些指标的表达式。

3.3.1　制造系统效率

1）生产周期效率

生产周期效率（manufacturing cycle efficiency，MCE）是衡量生产过程的传

统指标。MCE是实际生产和安装过程产生的时间占生产区总时间的比例（Fogarty，1992）。MCE比例越高，在工作站耗费的时间所占百分比越高。定义如以下公式所示：

$$MCE = \frac{S + R}{S + R + W + M} \tag{3.1}$$

式中，S代表总准备时间，R表示总运行时间，W表示总等待时间，M表示总材料处理时间。

2）增值率

增值率（value added efficiency，VAE）测量在生产过程中附加在产品上时间的百分比。VAE被定义为总运营时间占总制造时间的百分比（Fogarty，1992），如下面的公式所示：

$$VAE = \frac{R}{S + R + W + M} \tag{3.2}$$

尽管VAE与MCE计算方式类似，当设置时间相对偏高时，改善MCE并不总是利于生产力的显著提高，因而，VAE对于制造系统的绩效计算具有重要价值，尤其是当系统准备时间发生变化时。

3）在制品

在制品（work in process，WIP）为生产路径上从起点到终点的库存，通常作为评估制造系统的标准（Fogarty，1992；Viswanadham and Narahari，1992）。它对库存成本和灵活并快速地响应客户需求的能力有显著的影响。

4）系统平均时间

系统平均时间（average time，AVT）是从进入装载基站到离开卸载基站中花费的长期平均时间（Saad and Byrne，1998）。这个时间可以用于测量对新订单响应的速度。

5）生产率

生产率（throughput quantity，TH），通常简称为吞吐或生产量，是在给定的时间内完成的作业的数量。这也可被称为生产速率（Beamon，1998；Egbelu and Tanchoco，1984）。根据Littles法则（little law），生产率（TH）、在制品（WIP）以及循环时间（CT）之间的关系被定义为：

$$TH = \frac{WIP}{CT} \tag{3.3}$$

当比较制造系统的绩效时，我们经常需要考虑在实际中最坏的情况下的绩效。在给定的在制品水平w的情况下，实际最差情况的生产率被定义如下（Tompkins et al.，1994）：

$$\text{TH}_{\text{PWC}} = \frac{w}{w_0 + w - 1} r_b \tag{3.4}$$

$$W_0 = r_b T_0 \tag{3.5}$$

3.3.2　工作站利用率

工作站利用率被定义为实际运行时间占可用总时间的比例（Viswanadham and Narahari，1992）。它反映了生产线正在使用的工作站的平均效率。在服装行业，订单规模相对较小。不同的产品往往需要不同的生产工艺流程。由于 Eton 系统的固定轨道的属性，改变机器的位置来适应新产品是有必要的，然而，重新准备机器需要时间。因此，这将降低整个系统的生产率。然而，由于无轨自动引导车具有无轨的特性，因而没有为建立一个新订单而调整工作站的必要。这里，我们假设所有的工作站都不处于闲置状态并在完成一个订单之前，机器不会出现故障。此外，该生产线具有良好的生产线平衡。因为我们要比较无轨弹性物料搬运系统和固定轨道系统的性能，以下的推论包括工作站的重新定位。在比较过程中，我们将设置无轨弹性物料搬运系统的调整时间为零。因此，在这个推论中，在建立新的订单之前，有必要清除生产线和重新调整工作站。有趣的是，为了改进生产率，在现有产品的工作完成后我们着手新产品的重新生产。l 为正在加工现有产品的工作站数量。因此，在每个订单上所花费的平均生产时间是 $T_C(Q + \lceil \text{NP}_L \rceil - l) + T_R + T_S$。然而，有效时间仅为 QT_C。因此，有效的工作站利用率定义如下：

$$U = \frac{QT_C}{T_C(Q + \lceil \text{NP}_L \rceil - l) + T_R + T_S} \tag{3.6}$$

式中，P_L 表示在订单中工作站装载的百分比。因此，$\lceil \text{NP}_L \rceil$ 表示用于新订单中所需要的工作站总数，Q 表示订单大小，T_C 代表生产周期，T_S 表示准备时间，T_R 表示机器调整时间。

3.3.3　总搬运距离

总搬运距离是评价物料搬运系统最常用的标准（Kim and Goetschalckx，2005）。它为不同工作站或部门之间的物料搬运距离和搬运数量的加权综合。最短的总搬运距离对提高整个系统的利用率，减少生产时间和在制品具有重要意义。在无轨弹性物料搬运系统和固定轨道系统之间的比较研究中，我们在两个系统中保持相同的搬运速度和相同的工作站要求。基于布局和无轨弹性物料搬运系统和固定轨道系统的工作原理，可计算总搬运距离。

1）无轨弹性物料搬运系统的总搬运距离

基于图 2.7，无轨弹性物料搬运系统的布局具有系统性，在无轨弹性物料搬运系统的每一个小组中有一个工作站。考虑到工作站总数为 N 和工作站荷载百分比，所需小组的数量为：

$$N_{\mathrm{GL}} = \left\lfloor \frac{\lceil \mathrm{NP_L} \rceil}{n_{\mathrm{FR}}} \right\rfloor \tag{3.7}$$

基于工作站小组的数量，可以绘出详细布局和无轨弹性物料搬运系统的材料流动。然后，无轨弹性物料搬运系统的总搬运距离由分组距离和小组之间的距离组成，表达式为：

$$\mathrm{TRD_{FR}} = 2\left\lceil \frac{\lceil \mathrm{NP_L} \rceil}{2} \right\rceil L_{\mathrm{WS}} + 2\left(\left\lceil \frac{N_{\mathrm{GL}}}{2} \right\rceil + 1\right) W_{\mathrm{C}} \tag{3.8}$$

式中，P_{L} 代表订单中工作站装载的比率，L_{WS} 代表工作站的长度和 W_{C} 表示走廊的宽度。

2）固定轨道物料搬运系统总搬运距离

根据固定轨道弹性物料搬运系统的布局图所示，当订单被加载，部件和材料将被发送到无轨弹性物料搬运系统的端口。如果一个工作站分配一个任务，部件和材料将被转移到该工作站的分支；否则，它们将被直接送到下一个工作站的端口。因此，对于无轨弹性物料搬运系统的部件，其总搬运距离包括主通道的路径长度和不同分支通道的路径长度，包括装载站、分配工作站和卸载站。无轨系统的总输送距离可表示为：

$$\mathrm{TTD} = \lceil \mathrm{NP_L} \rceil d_{\mathrm{B}} + d_{\mathrm{H}} \tag{3.9}$$

式中，d_{B} 表示分支间的运输距离，d_{H} 表示端口间的运输距离，$\lceil \mathrm{NP_L} \rceil$ 代表用于新订单的工作站总数。

由于 Eton 轨道被固定在一个相对高的水平，为了方便操作员操作，分支的部件必须被转移至工作站的高度，然后被搬运到端口处。因此，对于每个工作站来说分支的距离表示为

$$d_{\mathrm{B}} = 2(L_{\mathrm{B}} + H_{\mathrm{B}}) \tag{3.10}$$

式中，L_{B} 表示工作站的分支的长度，H_{B} 表示工作站的分支的高度。

串联 Eton 系统和并联 Eton 系统端口之间的运输距离表示如下：

在串联 Eton 系统中，端口之间的运输距离包括工作站的路径长度，相邻小组之间的距离，以及装载和卸载站之间的长度，表示为：

$$d_{\mathrm{H}} = \mathrm{N}L_{\mathrm{WS}} + 2(N_{\mathrm{GL}} - 1)d_{\mathrm{BSG}} + \lambda L_{\mathrm{WS}} + W_{\mathrm{H}} \tag{3.11}$$

$$d_{\mathrm{BSG}} = 2L_{\mathrm{B}} + W_{\mathrm{C}} + W_{\mathrm{H}} \tag{3.12}$$

$$N_{\mathrm{GL}} = \left\lceil \frac{\lceil \mathrm{NP_L} \rceil + \lambda}{n_{\mathrm{E}}} \right\rceil \tag{3.13}$$

式中，n_E 代表每个子组中工作站的数量，W_H 代表端口之间的宽度，N_{GL} 代表一个订单所需的子组的数量。

由并联 Eton 系统，我们显然得知，当小组的数量增加时，安置在底部的工作台的数量也会增加。假设小组的数量为 k，我们可以安置在底部的工作台的数量为：

$$a(k) = \begin{cases} \left\lfloor \dfrac{(k-1)(W_H + W_C + 2L_B) + L_B - \lambda L_{ws}}{W_{ws} + W_C} \right\rfloor & k > 2 \\ 0 & k \leqslant 2 \end{cases} \tag{3.14}$$

式中，W_{ws} 代表工作台的宽度。

目前工作台的总数量为 $n_E k + \alpha(k)$。当存在的小组数量大于 2 个时，我们定义函数 $\beta(k)$ 来确定最小数量的小组工作台。

$$\beta_K = \begin{cases} n_E k + \alpha(k) - \lceil NP_L \rceil & k \geqslant \dfrac{\lceil NP_L - \alpha(k) \rceil}{n_E} \\ \lceil NP_L \rceil & \text{其他} \end{cases} \tag{3.15}$$

所需要的小组数量为：

$$N_{GL} = \begin{cases} \dfrac{\lceil NP_L \rceil}{n_E} & NP_L \leqslant 2n_E \\ \arg\min \beta(k) & \text{其他} \end{cases} \tag{3.16}$$

式中，$\arg\min \beta(k)$ 所得 k 使 $\beta(k)$ 最小。

我们假设在底部的工作台可以优先装配，经过零件的小组数量 N_{SG} 定义为

$$N_{SG} = \left\lceil \dfrac{\lceil NP_L \rceil - \alpha(N_{GL})}{n_E} \right\rceil \tag{3.17}$$

然后端口的搬运距离为：

$$d_H = N_{SG} n_E L_{ws} + (3N_{SG} - 2)d_{BSG} + \lambda L_{ws} + 2(W_H + L_B) \tag{3.18}$$

式中，d_{BSG} 与串联 Eton 系统中一致。

3.4　Eton 系统概述

Eton 系统是由英奇·戴维森，即 Eton 系统公司的创始人设计的，作为一种典型的单元生产系统（UPS），它拥有计算机控制的架空传送装置和可独立访问的工作站，通过悬挂式的搬运装置来搬运物料不仅能提高效率，也能降低服装制造业在制品水平。图 3.1 显示了 Eton 系统的外观，最新一代的 Eton 系统为 Eton 5000 Syncro。

图 3.1　瑞典的 Eton 系统

Eton 系统的主要思想是在服装行业将传统的捆绑批量搬运系统改为单位生产，通过悬挂式载体在生产线上搬运物料。此外，它取代了手工物料搬运。由于手工物料搬运占用了熟练操作员宝贵的时间，通过采用自动的悬挂系统，操作员可以更加专注于自己的工作。图 3.2 显示了基本的 Eton 生产线的布局简图。如果一个工作站被分配了一个任务，搬运载体将手中的材料运送至工作站的端口，否则，该材料将被直接运至下一个工作站的端口。

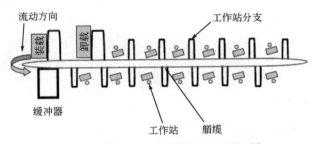

图 3.2　基本 Eton 生产线的布局原理图

Eton 系统有三种基本类型的配置。如果一个订单的工作站数量固定，当需要少量的工作站时，经常使用独立的 Eton 系统，而对于较大数目的操作站，串联 Eton 系统更为合适。然而，如果需要的工作站的数目不固定，并联 Eton 系统更为合适，因为该系统可以将部件运送给不同的小组，没有必要通过整个系统来运送部件。并联 Eton 系统还允许不同的生产小组像单个生产线那样操作，而不共享装卸的工作站，图 3.3 显示了两种类型的配置。关于 Eton 系统的详细介绍可以访问 Eton 系统公司的主页（http://www.eton.se）。

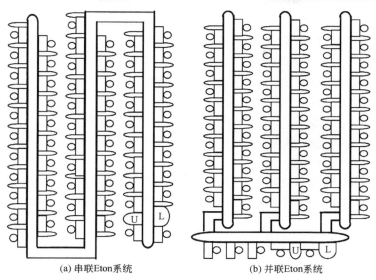

(a) 串联Eton系统　　　　　　　　　(b) 并联Eton系统

图 3.3　串联 Eton 系统和并联 Eton 系统

注：U 表示卸载；L 表示装载

3.5　蒙特卡罗实验和结果分析

在本节中，蒙特卡罗仿真实验将用来评估无轨弹性物料搬运系统和固定轨道搬运系统运营绩效。

3.5.1　蒙特卡罗实验原理

采用蒙特卡罗仿真方法进行模拟有以下几个原因。Maione 等（1986）假定物料搬运时间，包括行驶和装载/卸载时间与处理时间相比可忽略不计。然而，在服装制造业，处理时间相对较短，这使得材料处理时间的占比更高。例如，在许多缝纫工厂，80%的生产时间花费在材料处理上，只有 20%的生产时间用于缝制；因此，有必要将处理的时间考虑进性能分析。此时，分析模型变得无效，仿真模拟实验常被用于评估制造系统和材料处理系统的性能（Smith，2003；Beamon and Chen，1998）。更近一步，在服装行业中，由于需要的工作站数量通常是很大的，使用传统的软件，如 SIMAN 和 ARENA 进行模拟是不切实际的；因此，使用 MATLAB 的离散的蒙特卡罗实验来进行对比研究。

为了构建无轨弹性物料搬运系统和固定轨道搬运系统的仿真模型，我们引入了几个假设来促进比较分析：

（1）处理时间遵循相同的独立正态分布，同时该生产线具有稳定性。

（2）第一个工作站未出现迟缓，在整个系统中未发生抢占故障。

（3）无论无轨自动引导车或载体是否装载，处理的速度固定。

（4）无轨自动引导车和载体的数目能匹配每个订单。

（5）先进先出（FIFO）规则适用于所有工作站。

（6）工作站短距离的运输相对于装载具有优先权。

采用 MATLAB 离散 Monte Carlo 模拟进行对比研究。具体步骤如下：

（1）工作站数量为 n，装载百分比为 P_L，通过表达式（3.7）、式（3.13）和式（3.16）确定小组的最小数量。分配工作站任务然后明确从工作站 $j-1$ 至工作站 j 的运输距离 d_j。

（2）生成订单大小的随机变量 Q 和在工作站 j 的服务时间 S_j。当启动一个新的订单时，设置第一个实体 SS_{1j} 作为最后订单的完成时间 FS_{Q,nP_L} 加上安装时间和搬迁时间。

（3）如果工作站 j 的队列长度比缓冲区的大，定义 $FS_{i,j-1} + d_j dj / v < FS_{i-C,j}$，那么 $FS_{i,j-1} = FS_{i-C,j} - d_j / v, SS_{i,j-1} = FS_{i,j-1} - S_{j-1}$，否则，$SS_{i,j} = \max(FS_{i-1,j}, FS_{i,j-1} + d_j / v), FS_{i,j} = SS_{i,j} + S_j$。

（4）汇总等待时间 W、物料处理时间 M 和生产线的平均时间 AVT 和生产率 $TH = Q / (FS_{Q,nP_L} - SS_{1,1})$ 如下：

$$W = \frac{1}{Q} \sum_{i=1}^{Q} \sum_{j=1}^{nP_L} (SS_{i,j} - FS_{i,j-1} - d_j / v) \qquad (3.19)$$

$$M = \sum_{j=1}^{nP_L} d_j / v \qquad (3.20)$$

$$AVT = \frac{1}{Q} \sum_{i=1}^{Q} (FS_{i,nP_L} - SS_{i,1}) \qquad (3.21)$$

其他度量可以利用上一节我们使用过模型中的参数来计算。重复步骤（2），以确保所有的量都收敛。

3.5.2　输入参数设置

现在，我们通过数值实验得出的搬运距离来说明无轨弹性物料搬运系统的性能。针对数值实验，输入参数设置如表 3.1 所示。每个仿真运行了 200 次，利用每天 24 运行时间来保证收敛。这意味着，对于所有的性能测量，变异系数（标准偏差除以平均值）均小于 5%。图 3.4 比较了小订单规模的柔性制造中无轨弹性物料搬运系统和固定轨道搬运系统的生产系统效率。改善程度显示无轨弹性物料搬运系统中所有的绩效指标相对于串联 Eton 和并联 Eton 系统中更好。我们发现，对于小批量生产订单，无轨物料搬运系统对 VAE 的提高超过 50%，在制品和 AVT 超过 20%，MCE 超过 10%，而 TH 只有 3%。其根本原因在于无轨弹性物料搬运

表 3.1　仿真实例的参数输入

输入参数	数值
工作站数量/个	60
加工时间/s	$5+N(20,5)^3$
订单批量	$N(200,20)$
输送机速度/（m/s）	1.2
无轨自动导引车速度/（m/s）	1.2
装载百分比	80%
工作站长度（L_{WS}）/m	2.2
工作站宽度/m	1
过道宽度/m	1
艏缆宽度/m	0.8
工作站分支的长度/m	1.5
工作站分支的高度/m	0.8
装载和卸载站的长度（λL_{WS}）	$3L_{WS}$
Eton 系统的小组规模	21
无轨物料搬运系统的小组规模	13
Eton 系统的缓冲规模	8
无轨物料搬运系统的缓冲规模	2
总的建立时间/s	900
总的重置时间/s	900

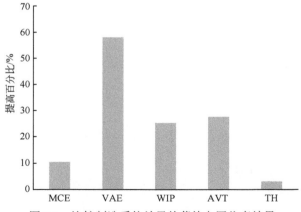

图 3.4　比较制造系统效果的蒙特卡罗仿真结果

系统缩短了准备时间和物料处理时间，虽然无轨弹性物料搬运系统轻微改善了 TH，但是对于提高 TH，改善实际中最差的情况十分重要。根据该模拟结果，使用式（3.4）和式（3.5），我们发现在实际的最坏情况下，串联 Eton 系统、并联 Eton 系统和无轨弹性物料搬运系统中的 TH 分别是 0.0192 单位/秒、0.0195 单位/

秒和 0.0227 单位/秒；因此，改进幅度为 16.6%。此外，无轨物料搬运系统的安装时间比 Eton 系统的更短，所以在较低的库存水平下无轨弹性物料搬运系统生产比 Eton 系统快得多。

3.5.3　实验结果分析

根据表 3.1 中的数据，利用前面提出的分析模型，工作站利用率和总搬运距离的性能也需要通过比较来评估无轨弹性物料搬运系统在解决产品增值和定制化生产方面的效率。

工作站利用率结果比较如图 3.5 所示。对于规模较小的订单，无轨弹性物料搬运系统提高了工作站利用率超过 10%。随着装载百分比和订单规模的下降，改善百分比会继续提高。这表明在稳定状态中无轨弹性物料搬运系统比 Eton 系统生产更多产品，并且它对解决服装行业产品增值问题是极有效的，尤其是当有多个订单在同一生产系统装载时。

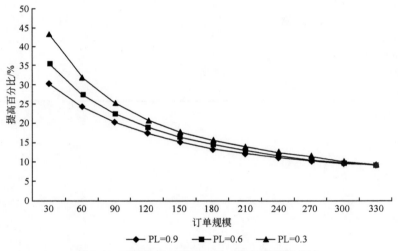

图 3.5　不同装载百分比下的工作站利用率提高

图 3.6 比较了无轨弹性物料搬运系统和 Eton 系统在不同数目的工作站和装载百分比的情况下的总搬运距离。我们可以得出以下结论：无轨弹性物料搬运系统能缩短约 68% 的总搬运距离。由于搬运速度是固定的，因此，它可以缩短物料搬运时间和等待时间。对于这项结果存在两个根本原因。首先，在 Eton 系统中，物料需要通过中央装载部分的端口，这在系统中导致了额外的搬运距离。然而，在无轨弹性物料搬运系统中，无轨自动引导车可以在主道上的两个方向运行。其结果是，该物料不需要在运行完所有的主道才返回到装载站。其次，无轨弹性物料搬运系统中不存在垂直物料流动距离。

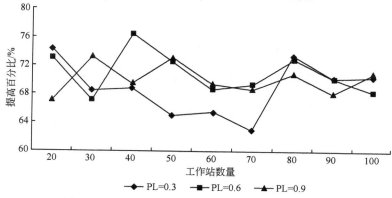

图 3.6　不同装载百分比下总搬运距离的改善百分比

3.6　本章小结

除了上述分析的潜在优势，无轨弹性物料搬运系统还具有其他的优点：

第一，由于不存在生产小组的物理边界，资源，如空闲工作站可以供不同的生产线共用。

第二，拥有并行工作站的生产线的生产效率和效果可以被提高，并行工作站的队列可以共享，这就保证了物料的先到先服务。这可以帮助管理者快速识别潜在问题。此外，它有助于无轨自动引导车和工作站的实时调度（Wong et al.，2005；Wong et al.，2006）。

第三，由于无轨自动引导车的自由路径特性，类似的功能可以组合在一起，以更好地促进资源共享，并且很方便地扩大生产能力。

第四，类似 Eton 系统，无轨弹性物料搬运系统也可以采用无轨自动引导车的自动化物料搬运来取代人工搬运，从而提高劳动资源的利用率。由于所有物料均附有 RFID 标签追踪，因此，当出现意外而关闭生产线时，不会打乱在中央控制器的零件信息。

总之，本章主要比较了无轨弹性物料搬运系统和固定轨道物料搬运系统的运营性能。为了评估无轨物料搬运系统的效用，蒙特卡罗模拟和分析模型用于比较该无轨系统的效率，该系统广泛应用于服装行业。我们的分析表明，与固定轨道系统相比，具有无轨自动引导车的无轨弹性物料搬运系统在生产系统效率、工作站利用率和总搬运距离方面有显著的潜力。因此，无轨物料搬运系统可以简化制造工艺，降低库存成本，并且具有快速响应客户的要求和灵活地适应各种产品和订单大小的能力。当产品个性化程度高时，这种潜在的优势非常明显。但是，为了实现无轨弹性物料搬运系统的潜力，更多的 LPS 开发工作是必要的。

第4章　基于室内定位服务的弹性物料搬运系统的经济可行性分析

4.1　导　　言

弹性制造系统（FMS）对于现代制造业提高个性化产品的生产率是至关重要的（Paraschidis et al.，1994）。作为弹性制造系统关键的一部分，弹性物料搬运系统在实施弹性制造系统的过程中起着战略性作用（Beamon，1998）。根据 Tompkins 等（2002）的研究，总生产成本的 20%～50%花费在物料搬运上。这使得物料搬运的主题变得愈发重要。除此之外，制造业的所有复杂性都将转嫁到物料搬运系统上。因此，弹性物料搬运系统对于运用弹性制造去满足产品多样化的需求是至关重要的，尤其在需求变化极快的服装制造行业。

全球服装行业在 2009 年创收 1.5 万亿美元，其在 2005～2009 年的复合年均增长率（CAGR）为 5.1%。服装行业在香港作为一个主要的生产部门，其 2007 年的总产出达到了最高水平（Datamonitor，2007）。但是，大规模定制和愈来愈高的劳动力成本使得发达国家或地区的服装企业近年来面临着增长率不断下滑（Chin et al.，2004）的挑战，特别是在 2009 年，由于全球经济危机的影响，服装行业经历了一次巨大的增长减速。为了使其生产周期更好地响应消费者需求，并同时节省成本和提高质量，服装制造商已经开始寻求新的商业实践和制造策略，在这些策略中，物料搬运系统的改进排在首位。

在服装行业中，关于纺织品的自动搬运问题有大量的研究。从基于可视化和轴力/力矩传感器的装卸工作的角度出发，Paraschidis 等（1994）开发了一个机器人系统来搬运纺织原料。装载带有天线的自动引导车的弹性物料搬运系统被设计出来以提高生产率和改善产品质量，这种系统把纺织原料从丝印工艺区域搬运到折叠包装区域，然后通过传送带把装箱的商品从折叠包装区域传送到运输区域（Aldrich，1995）。Beason（1999）提出了名为 Walking Floor 的自动装卸系统，该系统是一种典型的通过三个气压缸驱动并按顺序操作往复传送板的板条运输机，它提供了一种提高物料处理量的方法。相对于传统的捆绑式系统而言，单元式生产系统（UPS）通过悬挂类搬运设备运输物料，在服装制造过程中既提高了效率，又降低了在制品（WIP）水平（Hill，2015）。在市场上有两种经典的单元式生产系统：一种是美国的 TUKAtrack 信息追踪系统，另一种是瑞典的 Eton 系统。服装行业中其他的物料搬运解决方案包括基于丰田生产模式（TPS）的搬运纺织原料的快速反应方法，英国皮特·沃德公司设计的手动高架缝制生产线，以及由塞珀麦克公司研制的被称为魔术管道的服装生产、物料传送、仓储和运输系统。但是，瑞典的 Eton 系统在服装制造行业依旧是市场的领头羊（Tait，1996）。随着自动化技术的进步，自动引导车系统在 1955 年被首次引进，其灵活性使其成为现代工厂中普遍使用的物料搬运设备。最近，Dai 等（2009）提出在服装行业中采用配备有室内定位服务（LPS）和自动引导车的无轨弹性物料搬运系统，就其效率和效果而言，该系统表现出广阔的应用前景。但是，以上研究均没有涉及经济可行性。

　　尽管，文献中对关于采用自动化弹性物料搬运系统的有形或无形的优势给予了大量的描述，但是到目前为止，在服装行业中，人工物料搬运系统仍然被广泛应用，尤其在亚太地区，人工物料搬运系统占了 42.6% 的市场份额，并且目前市场上只有固定轨道的物料搬运系统（Dai et al.，2009）。由于投资太高以及其对产品个性化有限的反应能力，自动化弹性物料搬运系统很难实施和运营。弹性物料搬运系统确实能够带来很多好处，但是它很难转化为真实收益，因为根据服装行业目前的现状，缺少与重构弹性物料搬运系统相关的量化研究。而且，经济可行性在很大程度上取决于主观上无形的或者尚未识别的有形利益或成本，尤其是产品个性化的成本分析结果。例如，自动化物料搬运系统提高了生产率，减少了劳动成本等，但是它同时限制了对系统安装和转变至关重要的灵活性。也许人工系统更好一些，因为它非常灵活，使用一些额外的人员去获得这些弹性物料搬运系统的产出优势，而没有相关的安装成本和运营成本。因此，基于人工物料搬运系统去研究这类自动化弹性物料搬运系统是有意义的。本章的目标是提供一种估计采用弹性物料搬运系统所减少的增量成本的方法，尤其是无轨弹性物料搬运系统。接着研究了在服装制造行业中采取这类无轨弹性物料搬运系统的经济可行性，并对诸如大批量定制和劳动力成本增加相关的关键成本要素进行了敏感性分析。

　　关于在弹性制造系统中采用新型物料搬运系统的经济可行性研究在学术界吸引了广泛的兴趣，包括净现值（NPV）、回收期、投资回报率（ROI）和内部收益率（IIR）在内的经济指标已经被广泛使用（Meredith and Suresh，1986）。要在新型物料搬运系统中使用这些经济指标，首先有必要识别弹性物料搬运系统的优势和劣势，这一点在有关物料搬运系统选择的文献中已有大量的研究，如 Devise 和 Pierreval（2000）、Lashkari 等（2004）以及 Sujono 和 Lashkari（2007）的研究成果。Usher 等（2001）通过由三个专家组成的委员会对物料搬运系统的可扩展性、灵活性和可靠性等属性进行评级并赋予一个价值评分，然后根据这个价值评分计算物料搬运系统的纯现价值（NPW）来分析其经济可行性。Kahraman 等（2000）通过对物料搬运系统的收益和成本进行分析，借助模糊数学，估计模糊的收益成本比率，然后计算收益现值和成本现值的比率以评价投资的可行性。然而，两篇文章都没有提及怎样获取当采用新型物料搬运系统时关于收益和成本模糊估计的理论依据。因此，在经济可行性分析时，需要一种能够克服上述问题的成本系统，成本作业法（ABC）就是这样一种系统（Harrison and Sullivan, 1996）。Ioannou 和 Sullivan（1996）基于现代物料搬运系统中物料搬运活动的特点提出了一种两阶段的方法来评估投资的可行性。第一阶段搜集制造企业重构物料搬运系统的生命周期成本和收益，第二阶段基于每个物料搬运系统的相关活动成本和不同的机会成本进行经济价值分析（EVA）。但是，这样的成本估计仅考虑了在单一系统中由流程分析产生的活动，如工资、燃料费用和设备折旧的成本要素可以获得绝对的成本估计。然而在本章中，我们聚焦于两种系统的活动差异，以及由组件（结构）整合和功能需求分析产生的活动。在服装行业中，Hill（2015）研究了单元式生产系统与捆绑式批量生产系统对比情况，并得出一些关于成本和收益的经验数据。文献中的指标包括劳动力成本、生产率、附加成本、在制品、产出时间、质量、系统操作者的满意度和道德、系统操作者的收入，地面空间的利用和生产保证成本，然后根据净现值、回收期和投资回报率来评价经济绩效，结果表明采用弹性物料搬运系统存在优势。本章不仅考虑了经济绩效，而且研究了灵敏度分析。对于一种新型系统，其安装成本和运营成本无从调查，然而经验研究对于在服装行业采用弹性物料搬运系统的经济可行性分析提供了诸如生产率提高等可靠的数据输入。

　　本章结构如下：第二部分通过基于组件的和修正的作业成本法来估计投资无轨弹性物料搬运系统的增量成本。第三部分提出研究经济可行性的决策模型。第四部分呈现可行性分析的结果，以及基于关键成本要素的灵敏度分析。最后在第五部分给出了结论及进一步的讨论。

4.2　无轨弹性物料搬运系统的成本估计

　　假设目前使用的是人工搬运系统，经济可行性分析的目标是研究引入自动化弹性物料搬运系统（固定轨道物料搬运系统和无轨物料搬运系统）的项目绩效。为了进行可行性分析，两个弹性物料搬运系统的一些成本和收益将通过基于组件的成本估计法以及修正的作业成本法来估计。

4.2.1　基于组件的投资估计

　　根据 Dai 等（2009）提出的无轨弹性物料搬运系统的详细设计，可以获得组件清单（bill of materials，BOM）。对于每个组件，考虑到由香港科技大学制造实验室开发出来的基本无轨弹性物料搬运系统,每个组件的物料清单是可以识别的。因此,无轨弹性物料搬运系统总的组件成本可以通过物料成本和相关行业的毛利率来估计。加上安装成本和培训成本,可以获得无轨弹性物料搬运系统的总投资额。然而,对于固定轨道弹性物料搬运系统,由于不能获得组件清单,在这种情况下,总的系统投资额可以通过系统规模来估计。一般而言,某项投资指标,如工作站的数量,对于此类系统的总投资是至关重要的。因此,基于工作站的数量,以及每个工作站的平均投资额,固定轨道弹性物料搬运系统的总投资也可以被估计出来。基于组件的投资成本估计方法详见图4.1。

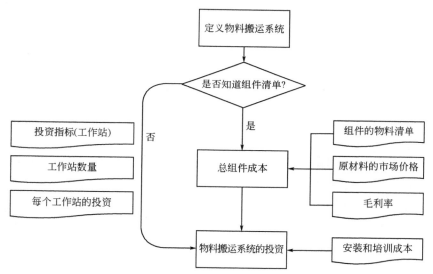

图 4.1 基于组件的投资成本估计方法

无轨弹性物料搬运系统由自由轨道的自动引导车、传感器站、工作站、电池更换/充电站、追踪系统,软件和计算机组成。无轨自动引导车的成本 C_a 可以通过基本的无轨自动引导车的成本 C_a^s 估计:

$$C_a = C_a^s (1 + R_a) \tag{4.1}$$

式中,R_a 指自动引导车行业的毛利率。

Dai 等（2009）指出,出于对无轨自动引导车的功能需求,一种简单的无轨自动引导车已经开发出来,它主要由两部分组成:机械部分和电子部分。表 4.1 呈现了每部分的组件以及相关材料的报价,并呈现了组装时间消耗以及劳动力成本。除齿轮监控器和齿轮盒的成本由中国香港地区的公司提供外,其他所有的组件均基于八个来自中国内地的无轨自动引导车供应商的订单。因此,基于真实的成本信息,估计一个示例无轨自动引导车的总成本为 860 美元。这个估计是保守的,因为在实际的大规模生产中,这些组件成本可能获得一些折扣。中国的汽车制造企业的毛利率大约为 20%。设置无轨自动引导车的毛利率为 40%是合情合理的，因此，我们估计每辆无轨自动引导车的投资成本为 1204 美元。

表 4.1　示例无轨自动导引车的成本分解

部件	项目	数量	总成本/美元
机械部件	齿轮传动马达和变速箱	2	462
	电池	2	51
	车轮和马达适配器	2	26
	架子和塑料面板	1	100
	轮子	3	41
电子部件	Ardmino-min	3	13
	超声波传感器模块	1	25
	磁针罗盘	1	49
	射频模块	1	18
	USB 转接	1	6
	马达控制板	1	19
劳动力	组装		50
总计			860

　　除了无轨自动引导车的单位成本外，还需要估计系统所需要的无轨自动引导车的数目。由于无轨自动引导车是为工作站服务的，因此可以通过工作站的数目来估计无轨自动引导车的数目。在一个有 N_W 个工作站的生产系统中，无轨自动引导车的数量可以通过下式估计：

$$N_a = \frac{N_W}{n_0}(1 + R_e) \qquad (4.2)$$

式中，n_0 指的是每个无轨自动引导车能够服务的工作站的数量，R_e 指的是无轨自动引导车的备用比例。在服装行业中，以一个有 60 个工作站的实际生产系统作为例子，根据 Dai 等（2009）研究中的实际例子，考虑生产周期、自动引导车的速度和装载/卸载的运营时间、每个无轨自动引导车可以服务两三个工作站，如平均 2.4 个工作站。因此，无轨自动引导车的最小数量为 25 个。考虑额外 20%的无轨自动引导车作为备用，需要的无轨自动引导车的总数量为 30 个。接着，无轨自动引导车的总投资成本如下式所示：

$$I_a = C_a N_a \qquad (4.3)$$

　　在以上例子中，无轨自动引导车的总投资为 36 120 美元。

　　除了无轨自动引导车的投资成本外，无轨弹性物料搬运系统需要软件系统来控制自动引导车的运营，并从中央控制的角度对自动化和灵活性进行整合。因此，软件投资也在无轨弹性物料搬运系统的投资成本估计中起到了重要作用。因为软件可以由应用软件工程师开发出来，开发之后，可以应用于任何无轨弹性物料搬运系统。

一个较为广泛应用的软件成本估计技术是基于工作量的估计（Gopalaswamy，2001）。因此，无轨弹性物料搬运系统的软件投资成本可以通过下式估计：

$$I_s = \frac{C_{ss}}{M_s}(1 + R_s) = \frac{C_{sl}N_{sl}T_{sl}}{M_s}(1 + R_s) \tag{4.4}$$

$C_{ss} = C_{sl}N_{sl}T_{sl}$ 指的是开发一个示例软件的成本，C_{sl} 指的是雇佣一个软件工程师每年的总成本，N_{sl} 是指需要的软件工程师的数量，T_{sl} 是指软件开发周期时间，M_s 是指估计的无轨弹性物料搬运系统的市场规模，R_s 指的是软件开发行业的毛利率。在本系统中考虑到工作站的数量、应用类型、目标平台、软件代码行（SLOC）等，根据专家小组的估计，样本软件需要 40 个中国软件工程师用一年的时间开发。考虑到劳动力成本为每年 15 000 美元，样本软件总的成本为 600 000 美元。假设市场规模 50，那么样本软件的单位成本为 60 000÷50=12 000 美元。考虑到中国软件行业毛利率大约为 100%。因此，保守假设该软件的毛利率为 300%，那么无轨物料搬运系统的软件投资成本为 12 000×(1+300%)=48 000 美元。

无轨弹性物料搬运系统需要超声波传感工作站发射和接受信号进行定位服务。传感器站的成本 I_{ss} 可以通过其单位成本和数量来进行估计。根据定位原则，每个传感器站由一个遥控装置、一个超声波传感器组件和一个无线电射频组件组成。通过表 4.1 呈现的成本，每个传感器站的成本为 55.9 美元。传感器基站的数量取决于厂房布局设计。根据 Dai 等（2009）的布局设计，每条线上需要布置 20 个工作站。因此，自动引导车移动所需的相关通道数量为 2 个。因为每个工作站的长度为 2.2 米（Dai et al.，2009），假设布置的工作站存在 0.1 米的空隙，通道的长度为 20×(2.2 + 0.1) + 4 = 50 米。因为传感器的布置要覆盖整个通道，最好采取正四边形的规则布局策略。由于在我们的研究中超声波传感器感知目标的锥角大于 $\pi/3$，感知的范围大于 6 米。因此，两个传感器站之间的布局距离大于 $6 \times \sin(\pi/6) = 3$ 米。为了保证定位精度和可靠性，我们可以使用边长为 2 米的正四边形布局策略来布置传感器基站。在不失一般性的情况下，假设通道的宽度不超过 2 米，所需要的传感器站的数量为 $2 \times 50/2 = 50$ 个。考虑到安全系数为 1.2，传感器站的总数量为 60 个。因此，传感器基站的总成本为 $I_{ss} = 3354$ 美元。

在无轨自动引导车中，每个工作站具有加载、卸载和信号传递的功能。因此，给每个工作站设计了两个宽度大约为 0.3 米的缓冲端口。端口配备了装卸的滚轴。每个端口设计了一个记录信号状态的按钮。工作站左边的端口用 A 表示，右边的端口用 B 表示。如果在制品在端口 A 加工完成，工人按下端口 A 的按钮给中心系统发信号，中心系统指派一辆无轨自动引导车将在制品搬运到下个工作站。同时中心系统记录下这个端口的状态以备下一个任务。通过与香港科技大学制造实验室的室内定位服务系统方面的专家沟通了解到，即使在欧洲或者美国，每个工作站的改造成本应该限制在 500 美元以内。这项成本在中国内地和香港地区将会大大减少。那么，工作站的改造成本为 $I_{wm} = 60 \times 500 = 30\ 000$ 美元。

当无轨自动引导车的电池没电时，有两种恢复电量的方法。第一种方法是准备更多的电池，当无轨自动引导车没有电时，采用更换电池的方法。但是，给无轨自动引导车更换电池需要大量的人工，而且响应缓慢。第二种方法是备用更多的无轨自动引导车，当无轨自动引导车没有电时，直接换一台满电的无轨自动引导车来接替任务。对于正常的充电器，快速充电通常花费 1～3 小时，一辆充电的无轨自动引导车大约可以持续工作 3 小时。假设快速充电平均消耗的时间为 2 小时，那么备用 AGV 的数目为 25×(3÷2−1)=12.5，这里假设额外需要为 13 辆备用无轨自动引导车充电。充电的无轨自动引导车的成本为 13×1204 = 15 652 美元。因为总共有 13 辆无轨自动引导车在充电，假设有 3 个备用充电器，所以充电器的总数为 16 个。舒马赫 10/30/200A 12V 充电器在 www.landmsupply.com 上的报价约为 128.99 美元，因此充电器的成本约为 2064 美元。假设电池充电站的其他成本为 2300 美元。那么，电池充电站的总成本为 I_{bcs}=20 016 美元，考虑到成本估计中的误差因素，为了计算方便，我们把电池充电站的总成本估计调整为 I_{bcs}=20 000。

与 Eton 系统相似，无轨弹性物料搬运系统也采用无线射频识别技术（RFID）追踪在制品来提高质量和生产率。根据 Dai 等（2009）的布局设计，在有 60 个工作站的情况下，主要通道上需要 4 个跟踪站。对每个跟踪站，配备有一个圆极化的读写器和两根天线的无线射频识别检测门。依据 www.rfidsupplychain.com 的报价，一个普通的 Alien 9900+Gen2RFID 读卡器的成本为 1539.3 美元，一道检测门的成本为 2399 美元，每根天线的成本为 160.1 美元。因此，总的追踪设备成本为 $4 \times (1539.3 + 2399 + 160.1 \times 2) = 17\ 034$ 美元。此外，需要的软件（Miscellaneous）成本为 199 美元，每个标签的成本为 2 美元。对一个时间为 25 秒的生产周期，即使利用率只能达到 90%，1000 个标签用于生产也是足够的。那么，RFID 系统的总成本为 $17\ 034 + 199 + 2\ 000 = 19\ 233$ 美元。考虑配件的成本，如天线延长线、天线安装支架等成本，追踪系统的总成本估计约为 I_{ts}=20 000 美元。

中央控制系统需要两台计算机。根据市场价格，每台计算机大约需要 600 美元，那么计算机的成本为 I_c=1200 美元。表 4.2 是一个基于 60 个工作站而设计的无轨弹性物料搬运系统的组件成本估计的小结。

表 4.2　基于 60 个工作站的无轨弹性物料搬运系统的组件成本估计小结

部件	数量	总成本/美元
无轨自动引导车	30	36 120
传感器站	60	3 354
改进工作站	60	30 000
电池更换/充电站	1	20 000
追踪系统	1	20 000

续表

部件	数量	总成本/美元
软件	1	48 000
计算机	2	1 200
总计		158 674

在采购了无轨弹性物料搬运系统之后，紧接着就是安装和培训。假设安装和培训的总成本占设备价值 I_e 的百分比为 R_i，那么在无轨弹性物料搬运系统的总投资 I_2 可以表示为：

$$I_2 = I_e(1 + R_i) = (I_a + I_s + I_{ss} + I_{wm} + I_{bcs} + I_{ts} + I_c)(1 + R_i) \qquad (4.5)$$

在表 4.2 中，无轨物料搬运系统的设备价值为 158 674 美元。假设安装和培训成本为设备价值的 10%，那么无轨物料搬运系统的总投资为 174 541 美元。

因为我们已经知道无轨弹性物料搬运系统的详细结构或组件清单，所以可以通过结构或组件估计投资。然而，对于固定轨道弹性物料搬运系统而言，我们没有详细的物料清单。但可以通过系统规模来估计投资额。根据固定轨道系统的一个主要供应商的报价，我们意识到投资成本 I_1 取决于工作站的数量，在这种情况下，投资成本 I_1 通过下式估计：

$$I_1 = I_w N_w S \qquad (4.6)$$

式中，I_w 指的是每个工作站的平均投资，S 是安全系数。

在欧洲，像 Eton 系统这样的无轨弹性物料搬运系统在现代服装行业已十分普遍。一些亚太地区的服装企业，尤其是中国的珠三角地区，也开始采用 Eton 系统提高个性化产品的生产率。根据固定轨道弹性物料搬运系统的一个居于市场领先地位的供应商的报价，包括安装和培训成本在内，每个工作站的平均投资成本大约为 3000 美元。假设安全系数为 1.3，基于 60 个工作站的固定轨道弹性物料搬运系统的总投资成本大约为 234 000 美元。

4.2.2　修正的作业成本法

当没有足够的经验数据时，作业成本法被广泛采用（Harrison and Sullivan, 1996）。传统的作业成本法仅聚焦于单一系统中确定的活动和追踪成本要素来估计作业成本。然而，在本章中我们首先依据充足的信息确定一个基准系统，然后在一个新系统或基准系统中确定基准作业。确定与成本估计相关的项目活动清单（bill of activity，BOA）。采用专家评估去估计作业的差异，一般通过比较新系统中的作业与基准作业中的活动来确定成本比率。基准作业的成本可以从公开的行业数据库或者其他的成本估算方法中获得。图 4.2 呈现了本章提出的修正作业成本法的具体流程。

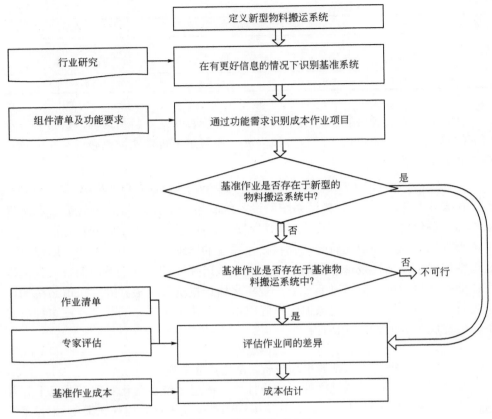

图 4.2　修正作业成本法

1）劳动力成本

劳动力成本是传统成本核算系统与作业成本法之间唯一的共同要素，它由所有从事物料搬运活动的劳动力的工资和附加福利组成。令 N_m 为人工系统中所需要的劳动力数量，L_r 为劳动力每小时工资，T_h 为劳动力每年的平均工作时间，R_p 为附加福利，一般为工资的一个百分比，则人工搬运系统的劳动力成本估计为：

$$C_O^L = N_m L_r T_h (1 + R_p) \tag{4.7}$$

与人工搬运系统相比，由于自动化技术，自动化物料搬运系统可以节省一些数量的劳动力，令 R_n^L 为第 n 种弹性物料搬运系统相比于人工搬运系统的劳动力节省比率，其中 $n=1$ 指的是无轨弹性物料搬运系统，$n=2$ 指的是固定轨道弹性物料搬运系统。那么当采取第 n 种物料搬运系统时，每年节省的劳动力成本估计为：

$$CS_n^L = N_m L_r T_h R_n^L (1 + R_p) \tag{4.8}$$

根据 Hill（2015）的研究，与人工搬运系统相比，像 Eton 系统这样的固定轨道弹性物料搬运系统可以减少 9.7%的直接劳动力。而且，直接劳动力数量与工作站数量的比率为 82%。因此，对一个有 60 个工作站的系统而言，无轨物料搬运系统中总劳动力数量为 60×0.82≈49 个。考虑到自动化系统的特性，这里向下取整。但是对人工系统而言，考虑到人员工作效率的不稳定性，采用向上取整的保守估计。因此人工系统中总劳动力数量为 49/(1−9.7%)≈55 个。因为自动化原则和与两个物料搬运系统相关的所有的作业或者项目活动清单（BOA）都是相似的，因此两个系统有相同的劳动力数量。假设目前的劳动力工资为每小时 2.5 美元，附加福利为总工资的 25%，每个工人的劳动力成本为每年 6500 美元。因此，采用固定轨道或者无轨弹性物料搬运系统每年节省的劳动力成本为 39 000 美元。

2）维护成本

维护作业包括计划、过程监控、问题解决等行为。维护成本由劳动力成本和与系统或设备相关的成本两部分组成。与系统和设备相关的成本取决于系统结构和运营的复杂程度。在不失一般性的情况下，假设与系统或设备相关的维护成本占总投资 I_n 的一定百分比。因此，自动化弹性物料搬运系统每年节省的维护成本为：

$$C_n^{\mathrm{mt}} = n_n^{\mathrm{mt}} L_{\mathrm{r}} T_{\mathrm{h}}(1 + R_{\mathrm{p}}) + I_n R_n^{\mathrm{mt}} \qquad (4.9)$$

式中，n_n^{mt} 为第 n 个物料搬运系统维护时所需要的劳动力数量，C_n^{mt} 为第 n 个物料搬运系统每年维护成本占总投资的百分比。

在人工物料搬运系统中，假设仅有一个工人做维护工作，根据前面假设的劳动力工资，估计每年的保养成本为 $C_0^{\mathrm{mt}} = 6500$ 美元。在固定轨道弹性物料搬运系统中，需要更多的工人做悬挂类搬运装备、追踪、追踪系统、软件维护等的保养工作。根据固定轨道弹性物料搬运系统的供应商提供的数据，每年的保养成本一般为总投资成本的 1%。因此，我们估计固定轨道弹性物料搬运系统的保养成本为 $C_1^{\mathrm{mt}} = 6\,500 + 234\,000 \times 1\% = 8\,840$ 美元。表 4.3 比较了固定轨道和无轨弹性物料搬运系统在系统维护方面的作业活动。

表 4.3　固定轨道弹性物料搬运系统和无轨弹性物料搬运系统的维护作业活动对比

固定轨道弹性物料搬运系统	无轨弹性物料搬运系统
悬挂类搬运设备	定位传感器维护
	无轨自动引导车
软件维护	电池维护
	软件维护
追踪系统	电池更换和充电站
	追踪系统
	路径选择系统

因为无轨自动引导车的保养和路径优化系统更复杂，通过与相应的专家交流，我们了解到无轨弹性物料搬运系统每年的维护成本为固定轨道弹性物料搬运系统

的 4 倍。在这种情况下，无轨弹性物料搬运系统每年的维护成本为 $C_2^{mt} = 35\,360$ 美元。因此，采用固定轨道弹性物料搬运系统和无轨弹性物料搬运系统每年节省的维护成本分别为 $CS_1^{mt} = -2340$ 美元和 $CS_2^{mt} = -28\,860$ 美元。

3）系统转换成本

由于产品个性化，当产品或系统布局改变时，就会发生系统转换。系统转换的频率取决于系统转换周期 T_{sc}。系统转换作业包括移除现存的设备或部件和安装新设备或部件。由于生产延误所产生的机会成本损失也包含在内。系统转换作业基本上与安装作业相似。因此，我们可以安装成本估计系统转换成本，它具有以下形式：

$$CS_n^{sc} = \frac{I_n}{1+R_{i_n}} R_{i_n} F_n^{sc} \qquad (4.10)$$

式中，R_{i_n} 为第 n 个系统的安装成本占设备成本的比率，F_n^{sc} 为第 n 个系统的系统转换成本占安装成本的比率。

由于人工物料搬运系统和无轨弹性物料搬运系统足够灵活去应对诸如在物料搬运过程中产品个性化的挑战，因此 $CS_0^{sc} = CS_2^{sc} = 0$。然而，固定轨道弹性物料搬运系统不够灵活，那么系统转换是必要的。本章中，通过专家评估，我们假设系统转换成本为安装成本的两倍。依据 Hill（2015）的研究，物料搬运系统的安装成本占设备原始价值的 16.6%，考虑到固定轨道搬运系统的报价中已经包含安装成本，因此，固定轨道搬运系统的原始设备价值为 $234\,000 \div (1+16.6\%) = 200\,686$ 美元，那么，固定轨道弹性物料搬运系统的系统转换成本为 $200\,686 \times 2 \times 16.6\% = 66\,628$ 美元。因此，采用固定轨道弹性物料搬运系统和无轨弹性物料搬运系统每年节省的系统转换成本分别为 $CS_1^{sc} = -66\,628$ 美元，$CS_2^{sc} = 0$。

4.2.3 残值

残值是一项资产在其使用寿命终结后所实现的估计值，它通常是总投资的一个固定的百分比，具有以下形式：

$$V_n^s = I_n R_n^s \qquad (4.11)$$

式中，V_n^s 为第 n 个系统的残值，$R_n^s h$ 为第 n 个系统的残值占系统投资的百分比。

根据 Hill（2015）的研究，固定轨道弹性物料搬运系统的残值是其初始投资的 25%。而且，据市场领先的固定轨道弹性物料搬运系统供应商提供的数据，其使用寿命至少为 10 年。在无轨弹性物料搬运系统中，主要组件为无轨自动引导车和软件。因为电机和齿轮箱通常可以运作 5 年，所以无轨自动引导车的使用寿命为 5 年。由于电子组件通常不会在 5 年内损坏，所以我们假设无轨系统的残值也为初始投资的 25%。令 T_{L_n} 为第 n 个系统的使用寿命，则 $T_{L_1} = 10$，$T_{L_2} = 5$。

4.2.4　生产率提高

生产率提高可以带来相应比率的劳动力成本节省，以匹配人工物料搬运系统的生产率。同时，生产率提高与维护成本或其他与设备相关的运营成本无关。因此，采用第 n 种物料搬运系统，通过生产率提高带来的成本节省可以通过下式估计：

$$CS_n^p = N_m L_r T_h (1 + R_p)(1 - R_n^l)\frac{R_{pi}}{1 + R_{pi}} \tag{4.12}$$

式中，R_{pi} 为生产率提高的百分比。

根据使用者的反馈，固定轨道弹性物料搬运系统可以使生产率提高 30%～40%，有时甚至为 100%。这里我们保守假设采用固定轨道弹性物料搬运系统可以使生产率提高 30%。根据 Dai 等（2009）对无轨弹性物料搬运系统的潜在优势分析，在不同的订单规模下，无轨弹性物料搬运系统比固定轨道弹性物料搬运系统在生产率提高方面平均达 3%。订单规模越小，生产率提高幅度越大。因此，在生产率提高方面，无轨弹性物料搬运系统比人工物料搬运系统改善约 33.9%。根据在 4.2.1 部分对劳动力成本估计，采用固定轨道弹性物料搬运系统和无轨弹性物料搬运系统，通过生产率提高可以节省的成本分别为 $CS_1^p = 49 \times 6500 \times 0.3 / 1.3 = 73500$ 美元和 $CS_2^p = 49 \times 6500 \times 0.339 / 1.339 = 80636$ 美元。表 4.4 呈现了采用弹性物料搬运系统的所有成本增量。

表 4.4　采用无轨物料搬运系统的增量成本总结　（单位：美元）

项目	固定轨道弹性物料搬运系统	无轨弹性物料搬运系统
总投资	234 000	174 541
劳动力成本	−39 000	−39 000
维护成本	2 340	28 860
系统转变成本	66 628	0
残值	−58 500	−43 635
因生产率提高而节省的成本	73 500	80 636

4.2.5　风险因素

对经济可行性的研究，有一些问题可能会潜在地干扰我们的估计。首先，尽管我们基于一个基准系统投资成本来估计新系统的成本，但是成本仍然可能被高估或低估。其次，尽管我们竭力去列举可能存在的系统投资成本，但仍然存在一些我们不期望但不得不购买的项目，尤其是在维护作业中。设备的可靠性也是潜在的风险之一。

4.3　投资决策模型

评价投资可行性的方法包括净现值（NPV）、内部收益率（IIR）、投资回报率（ROI）、回收期等。通常用净现值评价一种新系统的可行性。但是，在本章中，两个弹性物料搬运系统具有不同的使用周期，所以这里采用内部收益率来决策。因为美国目前的税收折旧制度是修正的加速成本折旧制度（MACRS），所以本章采用该种方法来进行资产折旧。

通过有效的年度成本节约，我们确定第 n 种系统在第 y 年的税前现金流（BTCF）为：

$$\mathrm{BTCF}_{y_n} = \mathrm{CS}_n^{\mathrm{L}} + \mathrm{CS}_n^{\mathrm{mt}} + \mathrm{CS}_n^{\mathrm{P}} + \mathrm{CS}_n^{\mathrm{sc}} \times 1_{\{\mathrm{mod}(y, T_{\mathrm{sc}}) = 0\}} \tag{4.13}$$

式中，$\mathrm{BTCF}_{O_n} = -I_n$。

然后通过修正的加速成本折旧规则，第 n 种系统在第 y 年的税后现金流（ATCF）为：

$$\mathrm{ATCF}_{y_n} = (\mathrm{BTCF}_{y_n} - (I_n - V_n^s) R_{(y-1)_n}^{\mathrm{Macrs}})(1 - R^T) \tag{4.14}$$

式中，$R_{(y-1)_n}^{\mathrm{Macrs}}$ 指的是第 n 种系统根据修正的加速成本折旧规则在 $y-1$ 年的折旧率，R^T 为有效的所得税税率，$\mathrm{ATCF}_{O_n} = -I_n$。

那么第 n 中系统的 IIR_n 为：

$$\mathrm{IIR}_n = \arg\max_r \left(\sum_{y=0}^{T_{L_n}} \frac{\mathrm{ATCF}_{y_n}}{(1+r)^y} \leqslant 0 \right) \tag{4.15}$$

理论上，在得到内部收益率之后，内部收益率为正的项目将被采用，假设不同项目的其他要素相同，内部收益率越高，项目的投资越令人满意。

除了 IIR_n 外，回收期 PBP_n 也被用来评价项目风险。通过线性插值的方法，第 n 种系统的回收期为：

$$\mathrm{PBP}_n = y^* \left(1 - \frac{\sum_{y=0}^{y^*} \frac{\mathrm{ATCF}_{y_n}}{(1 + R_{\mathrm{MARR}})^y}}{\frac{\mathrm{ATCF}_{y_n^*}}{(1 + R_{\mathrm{MARR}})^{y^*}}} \right) \tag{4.16}$$

式中，R_{MARR} 为最低可接受的回报率，$y^* = \arg\min_y \left(\sum_{y=0}^{y} \mathrm{ATCF}_{y_n} / (1 + R_{\mathrm{MARR}})^y \geqslant 0 \right)$。

4.4　结果和敏感性分析

本节呈现了经济可行性研究的结果，以及基于关键成本要素的灵敏度分析，并指出了自动化弹性物料搬运系统的潜在优势。

4.4.1　经济可行性研究结果

根据以上估计的增量成本和投资，在固定轨道弹性物料搬运系统中，当系统转变周期 $T_{sc} > T_{L_1}$ 时，根据表 4.4，每年节省的成本为 39 000+73 500−2 340=110 160 美元。类似的，在无轨弹性物料搬运系统中，每年节省的成本为 39 000+80 636−28 860=90 776 美元。相对于人工物料搬运系统，表 4.5 呈现了采用自动化弹性物料搬运系统的现金流量。基于现金流量，通过式（4.13）的税前现金流（BTCF）公式，表 4.6 和表 4.7 分别呈现了采用固定轨道弹性物料搬运系统和无轨弹性物料搬运系统的税后现值分析。然后，用税后现金流（ATCF）来评价经济绩效。由于这两个系统具有不同的使用寿命，所以自动化弹性物料搬运系统的经济性能采用内部收益率和回收期来进行比较，其结果呈现在表 4.8 中。可以看出，固定轨道弹性物料搬运系统和无轨弹性物料搬运系统的内部收益率都大于 15%。而且，均具有一个合理的回收期，表明两个系统均具有一个合理的投资风险。这意味着采用自动化弹性物料搬运系统是有利可图的，并且是安全的。目前，固定轨道物料搬运系统的内部收益率大于无轨弹性物料搬运系统的内部收益率，这表明当产品的个性化程度不高且需求变化较慢时，固定轨道的弹性物料搬运系统不存在系统转换，如果劳动力工资为每小时 2.5 美元，固定轨道弹性物料搬运系统比无轨弹性物料搬运系统有更好的经济绩效。

表 4.5　采用自动化的弹性物料搬运系统的现金流对比

项目	固定轨道弹性物料搬运系统	无轨弹性物料搬运系统
资本投资/美元	240 000	174 541
每年成本节省（税前）/美元	110 160	90 776
残值/美元	58 500	43 635
使用寿命	10	5
MACRS 资产类型	7	3
企业所得税税率	25%	25%
税后最小要求回报率（MARR）	15%	15%

表 4.6　固定轨道弹性物料搬运系统的税后现值分析　（单位：美元）

年份	税前现金流	MACRS 折旧	应税收入	所得税	税后现金流
0	−234 000				−234 000
1	110 160	−25 079	85 081	21 270	88 890
2	110 160	−42 980	67 180	16 795	93 365
3	110 160	−30 695	79 465	19 866	90 294
4	110 160	−21 920	88 240	22 060	88 100

续表

年份	税前现金流	MACRS 折旧	应税收入	所得税	税后现金流
5	110 160	−15 672	94 488	23 626	86 538
6	110 160	−15 655	94 505	23 626	86 534
7	110 160	−15 672	94 488	23 622	86 538
8	110 160	−7 827	102 333	25 583	84 577
9	110 160		110 160	27 540	82 620
10	110 160		110 160	27 540	82 620

表 4.7　无轨弹性物料搬运系统的税后现值分析　（单位：美元）

年份	税前现金流	MACRS 折旧	应税收入	所得税	税后现金流
0	−174 541				
1	90 776	−43 631	47 145	11 786	78 990
2	90 776	−43 631	32 588	8 147	82 692
3	90 776	−43 631	71 389	17 847	72 929
4	90 776	−43 631	81 076	20 269	70 507
5	90 776	−43 631	90 776	22 694	68 082

表 4.8　经济可行性研究结果

项目	固定轨道弹性物料搬运系统	无轨弹性物料搬运系统
IIR	36.37%	33.47%
投资回报年限	3.5	2.9

4.4.2　弹性物料搬运系统的灵敏度分析

当采用弹性物料搬运系统时，投资是一项关键的变量，它会影响经济可行性研究的绩效。而且很难获得精确的投资估计值。其原因之一在于，即使真实投资在一定的百分比范围内变化，它也取决于不同的供应商以及制造商的议价能力。因此，投资的敏感性分析是必要的。假设目前的劳动力工资为每小时 2.5 美元，系统转换周期为 $T_{SC}=3$ 年。图 4.3 呈现了投资的敏感性分析的结果。如果两个系统的投资以相同的比率变化，投资越小，采用弹性物料搬运系统的优势越大。即使两个系统的投资被高估了 20%，采用弹性物料搬运系统的内部收益率仍然为25%左右，这对大多数行业来说是可以接受。当比较两个弹性物料搬运系统时，如果两个系统的投资以相同的比率变化，无轨弹性物料搬运系统总是优于固定轨道弹性物料搬运系统，并且投资越小，无轨弹性物料搬运系统的优势越大。对于目前的估计水平，固定轨道弹性物料搬运系统的内部收益率大约为30%，而无轨弹性物料搬运系统的内部收益率为33%，甚至当无轨弹性物料搬运系统的投资增加了7%，它仍然比固定轨道弹性物料搬运系统更有优势。

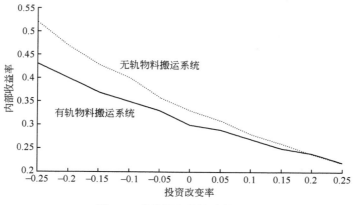

图 4.3　系统投资的敏感性分析

　　由于产品个性化程度高以及大批量定制，所以对不同的产品采用不同的生产系统是有必要的。因为固定轨道弹性物料搬运系统不够灵活，所以当系统布局改变或产品改变时，就会产生系统转换成本。在这种情况下，固定轨道弹性物料搬运系统的经济绩效会变差。因此，有必要研究不同系统转换周期和系统转换成本因素的风险。图 4.4 呈现了系统转换周期（T_{sc}）的灵敏度分析结果。可以看出，因为固定轨道弹性物料搬运系统有限的灵活性，系统转换周期和系统转换成本因素仅影响固定轨道弹性物料搬运系统的绩效。随着系统转换周期的增加，固定轨道弹性物料搬运系统的经济绩效增加。即使系统转换周期大于 2 年，固定轨道弹性物料搬运系统的内部收益率仍然大于 25%。当系统转换周期小于 4.5 年，无轨弹性物料搬运系统比固定轨道弹性物料搬运系统更有优势，否则固定轨道弹性物料搬运系统比无轨弹性物料搬运系统有优势。图 4.5 呈现了当系统转换周期为 $T_{sc}=3$ 年和 $T_{sc}=5$ 年时，系统转换成本因素（F_n^{sc}）的敏感性分析结果。可以看出，内部收益率几乎是系统转换成本因素（F_n^{sc}）的线性减函数，甚至当系统转换成本因素 $F_n^{sc}=3$ 时，两个系统的内部收益率仍大于 27%。在 $T_{sc}=5$ 的情况下，当系统转换成本因素 $F_n^{sc}>2.3$ 时，无轨弹性物料搬运系统更有优势，而在 $T_{sc}=3$ 的情况下，当系统转换成本因素 $F_n^{sc}>1$ 时，无轨弹性物料搬运系统有优势。目前的劳动力工资为每小时 2.5 美元。然而，在长期，劳动力工资经常是变化的，尤其是中国，这些年劳动力工资增长了许多。采用自动化弹性物料搬运系统，增加的劳动力工资可能影响每年的成本节省，并影响自动化弹性物料搬运系统的经济绩效。因此，有必要研究在不同劳动力工资情况下的经济绩效。当系统转换周期为 3 年，图 4.6 呈现了劳动力工资从 1.5 美元到 8 美元的敏感性分析结果。当劳动力工资大于 2.2 美元时，两个弹性物料搬运系统的内部收益率均大于 25%。随着劳动力成本的增加，采用弹性物料搬运系统优势增加，与此同时，无轨弹性物料搬运系统的优势增加比固定轨道弹性物料搬运系统的更明显。当劳动力工资为 1.9 美元时，达到盈亏平衡点，即两个弹性物料搬运系统有相同的内部收益率。

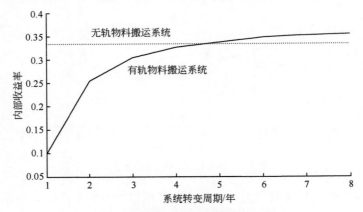

图 4.4　系统转变周期的敏感性分析

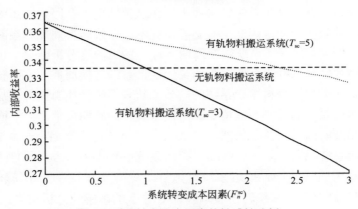

图 4.5　系统转变成本因素的敏感性分析

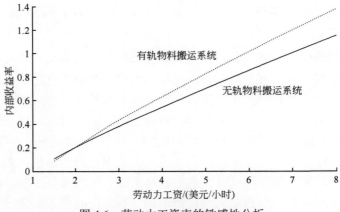

图 4.6　劳动力工资率的敏感性分析

4.5　本 章 小 结

本章中，采用弹性物料搬运系统的边际成本通过基于组件的成本估计法和修正作业成本法进行估计，然后呈现经济可行性研究结果。结果表明两种弹性物料搬运系统都有大于 30%的可观的内部收益率，即使仅考虑通过劳动力成本节省和系统转换成本节省所获得的收益。在一般情形下，服装行业中无轨弹性物料搬运系统的经济绩效比固定轨道弹性物料搬运系统高 10%左右，即使在订单规模很小以及产品个性化程度很一般的情况下。除了以上分析的潜在优势外，无轨弹性物料搬运系统也有不能直接转换为经济收益的其他优势：

质量提高：由于减少了在产品，残次品平均减少了 11.1%。内在的收益可能是由于内部或外部故障、直接的生产率提高、线下维修人员的减少、额外搬运所产生的成本节省。外在的收益可能是通过高质量的保证带来顾客满意度的提高。

响应时间改善：根据 Dai 等（2009）的研究，无轨弹性物料搬运系统可以使响应时间减少 28%左右。内在的收益可能是更少的库存成本、较低的预测误差以及减少其他与库存相关的间接成本。外在的收益可能是通过更可靠和更安全的传送带来的顾客满意度的提高。

库存减少：固定轨道弹性物料搬运系统可以使在产品水平平均减少 60.4%（Hill，2015），无轨弹性物料搬运系统可以使在产品进一步减少 28%左右。

工作站共享：由于生产组织间不存在物理边界，所以诸如闲置的工作站等资源可在不同的产品线之间共享，这可以很便捷地扩大生产力。

监控：通过平行的工作站可以提高生产线的效率和效果。平行的工作站可以共享队列，这确保了各部分遵循先到先得的原则，有助于主管快速发现潜在的问题，同时促使其灵活地安排无轨自动引导车和工作站的实际时间。

部件追踪：像固定轨道弹性物料搬运系统一样，通过用无轨自动引导车的自动化物料搬运替代人工物料搬运，无轨弹性物料搬运系统也可以极大地提高劳动力资源的利用率。在中央控制器的作用下，通过射频识别标签来追踪各部件，因此，各部件可以在任何时候离开产品线而不丢失信息。

因此，在服装行业中，从经济绩效角度来看，无轨弹性物料搬运系统更具有吸引力，一般而言，当产品个性化程度高时，建议采用无轨弹性物料搬运系统，而当产品个性化程度低时，建议采用固定轨道弹性物料搬运系统。

第5章 弹性物料搬运系统中定位传感器布局策略研究

5.1 导　言

室内定位系统（IPS）近年来受到广泛关注，在制造工厂、仓库、机场、商场、医院等地方被大量使用，主要用于定位和追踪物体。精心设计的室内定位系统对提高弹性制造系统的效率、提升服务行业的质量至关重要。然而，设计 IPS 的关键问题之一就是定位传感器的布局策略，因此这不仅决定着定位系统的定位服务质量，譬如定位可靠性和定位精度，同时也决定着定位服务系统的成本。现阶段，存在许多感应科技可以提高 IPS 的性能，如磁力、超声波、红外线、激光、射频、可视感应器和射频识别技术等（Borenstein et al.，1997；Kolodziej and Hjelm，2006）。超声波感应技术由于其低成本、高精度和合理的性能，同时在 IPS 应用中也是一项比较可靠的技术，目前，基于超声波感应技术的定位服务系统，即超声波定位系统（UPS）受到了广泛关注。因此，研究超声波定位系统中的定位传感器布局策略是很有价值的。

基于定位传感器的特性，如感应距离、感应角度和感应范围，在满足覆盖率和定位服务要求的条件下，定位传感器布局问题的目标为最小化布局成本，即定位传感器的数目。定位传感器的布局结果由传感器布局的最佳布局高度和布局模式组成。根据布局模式，有三种常用的规则布局策略：正三边形布局策略、正四边形布局策略、正六边形布局策略，这些策略确定了布局模式和布局几何形状的尺寸。大范围布局问题可以看成单个感应覆盖区域的延伸。本书研究的主要目的是在考虑不确定感应和定位传感器特性的条件下去优化和比较三种常用的规则布局策略。

已有大量文献研究过传感器的布局问题，其中最典型的例子是艺术馆问题（O'Rourke，1987），该问题主要研究在美术馆内部布局监视器来覆盖整个美术馆，目标为最小化监视器的数量。另一个问题是无线基站网络的部署（WBNS）问题，目标是覆盖区域能至少被一个基站所感应。目前关于无线基站的布局技术有大量的研究，Younis 和 Akkaya（2008）对该类技术进行非常详细的综述。以上两个问题最主要的关注点在于侦测目标和侦测结果。我们的问题与上述问题有两个基本差别：超声波定位传感器并不是全方向的，因此传感器会存在一个有限的感应角度，在感应角度外面则不能被感应到；本章主要关注目标的定位而不是目标的侦测，这意味着每一个目标都必须被多个定位传感器所感应，而不仅仅被一个传感器感应。因此，还需要考虑定位时的位置估计性能。

目前主要存在两种定位方法：一个是基于三角测量，即根据参考点，通过感应器来测量目标相对感应器的角度，然后基于多个测量角度和感应器的位置来估计目标的位置；另一个是基于三边测量和多边测量法，即根据目标和多个传感器之间的距离以及传感器本身的位置来估计目标的位置。利用基于距离测量方式一般具有较高的准确度，因此多边测量定位法在实践中被广泛研究和实践（Roa et al.，2007），如全球定位系统（GPS）。本书也采用基于多边测量的方法，因此其定位服务质量取决于距离测量的不确定性和有效性、所测距离的数量以及通过距离估计位置的算法。大多数已发表的关于传感器布局的文献都关注最小化定位的不确定性（Isler，2006；Tekdas and Isler，2007）、综合定位精度和覆盖范围（Roa et al.，2007），或者综合定位精度、传感器数量和可接受定位精度的覆盖范围（Laguna et al.，2009）。现有的研究中均假设目标在被定位传感器的感应区域内100%会被感应到，即距离和角度的测量在感应区域内是完全可靠的。对超声波技术而言，信号衰减、信号强度和声压水平（SPL）是目标和定位传感器之间的距离的函数。

依据信号传播理论，只有当所有 SPL 原信号和环境的随机噪声之和大于某一极限时才能侦测到该信号，并且测量的可靠性取决于测量方法。因此，距离测量法的可靠程度是距离的概率函数。据我们所知，现今的研究还没有将定位可靠性融合到室内定位系统中，尤其是超声波定位系统。有些关于监视或目标侦测的研究论文考虑了这个问题，并且提出一些函数来表示信号的侦测概率，如 Dhillon 和 Iyengar（2002）以及 Dhillon 和 Chakrabarty（2003）提出的指数函数，但是非常主观。Clouqueur 等（2003）提出基于多项式信号能量递减的 k 方分布函数来研究目标侦测传感器的布局策略。因而，这启发了我们将定位可靠性融合到超声波定位系统的超声波传感器布局中。本章的独创性在于：在不确定感应的条件下，第一个把定位可靠性融合到定位传感器的布局问题中，并运用信号传播理论中基于 SPL 的距离测量法来建立不确定感应概率模型；借助组合数学，构造了定位可靠性模型；研究了定位传感器的特性、定位服务质量要求，如定位精度、定位可靠性等对定位传感器布局性能的影响。因此识别了每种传感器布局策略的能力，从而可以较为广泛地应用到实际中。

传感器布局问题是一个 NP-hard 问题。当布局全方向传感器在一个水平面时已经是一个 NP-hard 问题（Younis and Akkaya，2008）。因此，当考虑到三维或者准三维的布局环境、超声波传感器有限的感应能力、多重覆盖而不是单一覆盖、定位精度和定位可靠性，超声波定位传感器的布局问题将会是一个更加难的NP-hard 问题。目前，大多数已发表的关于传感器布局的研究主要关注二维布局环境，在二维布局环境中定位传感器只能被布局在一个固定的平面，尤其当定位传感器和目标在同一平面时，Sinriech 和 Shoval（2000）开发了非线性混合整数规划模型来研究一个在目标平面内的布局最少数量的全方位传感器的布局问题，他们只要求三个定位传感器来覆盖工作区域中的一些关键点。由于这个模型太复杂，他们没有给出最优解。然而，在实际应用中，准三维情况是最为常见的，在这种情况中定位传感器被限制在移动目标平面上方的平面内，两个平面之间的高度为定位传感器的适应高度。最接近准三维布局的是 Laguna 等（2009）的研究，他们提出了一个多目标优化模型，在固定的传感器高度下最小化定位传感器的数量和精度并同时最大化可接受定位服务质量的覆盖范围。他们提出了多维局部搜索算法来解决这个问题，并将其与遗传算法的结果相比较。但是，由于没有考虑定位可靠性。即使对于某给定传感器适应高度的某一特定问题，实验表明要获得一个用大约 20 个定位传感器并保证合理定位服务质量的布局设计需要大量的计算时间。因此，在三维应用环境下的定位传感器布局甚至更加困难，据我们所知，仅 Ray 和 Mahajan（2002）提出基于全方位超声波传感器使用遗传算法来最大化一个布局单元的覆盖范围，但是并没有考虑定位服务要求。在实践中，超声波传感器的感应范围有限，它并不是全方位的，而且传感器的定位性能，如精度和可靠性在许多应用中是至关重要的。Roa 等（2007）在考虑定位精度的条件下，比较了常用的规则布局策略和随机布局的有效覆盖范围，并发现即使在有强边界效应的工作区域，基于启发式算法的随机布局策略与常规规则布局策略，如正三边形布局策略和正四边形布局策略的比较优势被限定为 20%，该结论促使我们研究使用规则布局策略下的准三维定位传感器布局问题，因为这不仅能提高计算效率，尤其是大范围布局时能较快找到合理的布局方案，同时规则布局相对随机布局更容易操作，且规避障碍的能力更强。本章旨在将可靠性融合到准三维下的定位传感器布局问题中，并同时考虑有限感应范围、感应角度和适应传感器高度。本章将先优化各规则布局策略，然后研究定位可靠性对布局方案的影响。

　　本章结构如下。第二部分描述研究传感器布局问题上的方法和模型。第三部分分析定位传感器布局问题并分析其几何约束、定位精度约束和定位可靠性约束。我们会在第四部分呈现实验研究的结果，并在第五部分作出总结。

5.2　定位传感器布局方法与问题阐述

　　在这个部分，我们将阐明超声波定位传感器的特性并对布局问题进行阐述。

5.2.1　传感器特性和布局策略

与全方向传感器不同，超声波传感器是有特定的感应角度的方向传感器，因此存在最大感应范围。图 5.1 表明了一个典型的超声波传感器的感应范围，可以用以下参数来描述：

θ：传感器最大的感应角度。对于大多数现在市面上的超声波传感器，感应角度大概在 $\pi/6$ 和 $2\pi/3$ 之间。

R：超出目标无法接收信号的传感器最大感应距离。对于超声波定位传感器而言，这个距离通常是几米。

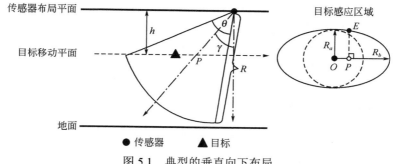

图 5.1　典型的垂直向下布局

在许多室内定位系统中，目标在一个水平平面上移动，如地板，并且传感器被放置在另一个平面也就是天花板上去追踪目标。一种典型放置传感器的方法是垂直向下放置，如图 5.1 所示。在这种情况下，目标与传感器之间的垂直距离（高度）表示为 h，h 取决于应用环境。我们定义 $C_h = h/R$ 为高度系数。当 $C_h = 0$ 时，布局问题就降到二维的情况。在目标平面投影的感应区域是以 R_a 为半径的圆。在图 5.1 中，当 $C_h \leqslant \cos(\theta/2)$，$R_a \leqslant h\tan(\theta/2) R_a = h\tan(\theta/2)$，并且当 $C_h > \cos(\theta/2)$，$R_a = \sqrt{R^2 - h^2}$。决定定位系统性能的关键因素是传感器布局模式。一般有三种常见的布局模式：正三边形布局模式、正四边形布局模式和正六边形布局模式，如图 5.2 所示。对于各模式中一个基本布局结构的边长被定为 l_n，其中 n 是基本结构的边数，如三角形的是 $n=3$，正方形的是 $n=4$，六角形的是 $n=6$。我们定义 $C_{ln} = l_n/R$ 为各模式下的边长系数。

5.2.2　定位性能指标

在这个部分，我们讨论两种常见的定位系统的性能指标，定位方案的定位精度和定位可靠性。

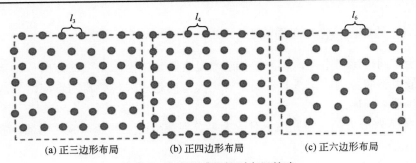

(a) 正三边形布局   (b) 正四边形布局   (c) 正六边形布局

图 5.2   典型传感器规则布局策略

1）定位精度

为了用三边测量法确定目标物位置，我们需要测量多个不同的传感器到同一个目标的距离。目标物位置的估算相当于模型中的参数估计问题。最小二乘法估计法（LS）和极大似然估计法（ML）是参数估计问题中最常用的方法。极大似然估计法要求海森矩阵得出一个最优函数；然而，估计的数值并不能保证海森矩阵的正定性，所以本章采用最小二乘法。

定位精度由统计估计的表现来决定。在一个三维空间里，令 $p = (x, y, z)$ 表示目标物位置坐标；$s_i = (x_i, y_i, z_i)$，$i = 1, \cdots, n$ 表示 n 个不同的覆盖目标物位置的传感器的坐标；以及用 r_i 表示目标物和第 i 个传感器之间的距离。我们用 r_i 来表示与第 i 个传感器之间的估算距离，由以下公式得出：

$$\begin{aligned}\hat{r}_i &= \sqrt{(x - x_i)^2 + (y - y_i)^2 + (z - z_i)^2} + w_i \\ &= r_i(p, s_i) + w_i, i = 1, \cdots, n \end{aligned} \tag{5.1}$$

式中，w_i 是由传感器的特性所决定的测量噪声。我们假定选定目标物位置后式中的噪声项相互独立且服从均值为零，方差为 σ^2 的正态分布。关于测量噪声项独立于传感器与目标物之间的距离变量 r 的假设在文献中被广泛使用（Kolodziej and Hjelm, 2006；Laguna et al., 2009）。因此，多个传感器相对于目标物位置的距离估算值可以用一个随机向量表示为：

$$\hat{r}_i = \begin{bmatrix} \hat{r}_1 \\ \vdots \\ \hat{r}_n \end{bmatrix} \sim N\left(\begin{bmatrix} r_1(p, s_1) \\ \vdots \\ r_n(p, s_n) \end{bmatrix}, V \right)$$

式中，$V = V^{\mathrm{T}} = \mathrm{diag}(\sigma^2, \cdots, \sigma^2)$ 是协方差矩阵。

$\hat{p}$ 表示对目标 p 所在位置坐标的估值，$r(\hat{p}, s) = (r_1(\hat{p}, s_1), \cdots r_n(\hat{p}, s_n))^{\mathrm{T}}$ 且 $w = (w_1, \cdots, w_n)^{\mathrm{T}}$，对 $\hat{p}$ 一阶展开，得到了以下近似值：

$$\hat{r}_i \approx r(\hat{p}, s) + J(p - \hat{p}) + w \tag{5.2}$$

式中，J 是 Jacobian 矩阵：

$$J = \begin{bmatrix} \dfrac{\partial r_1(p,s_1)}{\partial x} & \dfrac{\partial r_1(p,s_1)}{\partial y} & \dfrac{\partial r_1(p,s_1)}{\partial z} \\ \vdots & \vdots & \vdots \\ \dfrac{\partial r_n(p,s_n)}{\partial x} & \dfrac{\partial r_n(p,s_n)}{\partial y} & \dfrac{\partial r_n(p,s_n)}{\partial z} \end{bmatrix}_{p=\hat{p}} \tag{5.3}$$

然后我们得到：

$$\hat{r} - r(\hat{p},s) = J(p-\hat{p}) + w \tag{5.4}$$

式（5.4）为观测值为 $\hat{r} - h(\hat{p},s)$，误差项为 $p-\hat{p}$ 的线性最小二乘估计。估计过程采用迭代估计法，直到误差项达到临界条件，即在一个给定的临界值内，结束迭代。经过 J 轮循环的误差项可以表示为（Shalom et al.，2001）：

$$\hat{p}_{j+1} - \hat{p}_j = (J_j^{\mathrm{T}} V^{-1} J_j)^{-1} J_j^{\mathrm{T}} V^{-1} (\hat{r} - r(p_j - s)) \tag{5.5}$$

分别用 N 表示最后一次循环，$\hat{p}$ 表示对 p 的最终估计值以及用 J 表示 Jacobian 矩阵最后一轮循环得到的估计值。从而最后一次估算的均方误差可以被表示为：

$$\left| E[(\hat{p}_{j+1} - p)(\hat{p}_{j+1} - p)^{\mathrm{T}}] \right| = \left| (J^{\mathrm{T}} V^{-1} J)^{-1} \right| \tag{5.6}$$

均方误差值与距离测量噪声和传感器的布局模式有关。既然距离测算噪声由传感器特征和外部环境决定，因而，我们用定位误差与距离测量噪声的比例 $k(p)$ 来测算定位精度，近似于：

$$k(p) = \sqrt{\dfrac{1}{|J^{\mathrm{T}} J|}} \tag{5.7}$$

2）定位可靠性

在一个超声波定位系统中，传感器发出的超声波信号在空气中传播，然后到达安置在目标物上的接收器。如果来自超声波信号和环境噪声的声压级比给定的临界值大，超声波信号就会被成功检测到（Shirley，1989）。随着信号在空气中传播，空气吸收（信号衰减）以及声波脉冲离开传感器时，辐射波束表面扩张所带来的损失会使声压级逐渐降低。根据 Massa（1999），传播距离为 r 的声压级可以写为：

$$\mathrm{SPL}(r) = \mathrm{SPL}(r_0) - 20\log\left(\dfrac{r}{r_0}\right) - \alpha(f)(r-r_0) \tag{5.8}$$

式中，$\mathrm{SPL}(r_0)$ 是参照距离为 r_0 时的声压级，通常为 0.3 米。第二项是表面扩张带来的传播损失。最后一项表示空气吸收造成的信号衰减。$\alpha(f)$ 是以分贝每米为单位表示的衰减系数，而 f 是以千赫兹为单位的超声波频率。因为由于空气吸收导致的声压级损失所占比重大，所以了解空气吸收带来的损失值对于判断传感器的最大感应范围有重要作用。声波的衰减在空气中随频率增大而被放大。根据 Massa（1999a，1999b），衰减系数由下式给定：

$$\alpha(f) = \begin{cases} 0.0328f & 20\text{kHz} < f \leqslant 50\text{kHz} \\ 0.0722f - 1.9685 & 50\text{kHz} < f < 300\text{kHz} \end{cases} \quad (5.9)$$

根据热力学、扰动和多次反射等理论，在信号检测中有一个独立的来自外部环境的干扰噪声。假设干扰噪声的声压级 ε 服从正态分布 $N(\mu, \sigma^2)$。需要指出，将传感器和目标物之间的距离和来自环境中的独立噪声结合起来的假设在文献中是被广泛采用的，如 Dhillon 和 Chakrabarty（2003）以及 Dhillon 和 Iyengar（2002）。此外，噪声的能量通过对数转换产生声压级，并在统计学上通常诱发一些正态随机变量。然后，关于距离变量 r 的总声压级可由下式得到：

$$\text{TSPL}(r) = \text{SPL}(r) + \varepsilon \quad (5.10)$$

根据信号处理理论，当总的衰减后的超声波和噪声的声压级大于既定的临界值时，接收器便可以侦测到信号并且测算传感器到接收器之间的距离（Shirley，1989）。在实际的超声波测距系统中，一个特定的声压级临界值已经被选定，并且通过公式 $E(\text{TSPL}(R)) = \text{SPL}_{\min}$，便可以得到临界条件下最大的感应范围 R 的值。由于超声波定位传感器的感应范围为一个锥角为 θ，半径为 R 的球锥。当目标物在感应范围内，成功侦测目标的概率为：

$$\begin{aligned} \text{Pr}(r) &= \text{Pr}(\text{TSPL}(r) > \text{SPL}_{\min}) \\ &= \text{Pr}(\varepsilon > \text{SPL}_{\min} - \text{SPL}(r)) \\ &= 1 - \Phi\left(\frac{\text{SPL}_{\min} - \text{SPL}(r) - \mu}{\sigma_N}\right) \end{aligned} \quad (5.11)$$

式中，$\Phi(\ )$ 是标准正态随机变量的累计分布函数。从三维空间角度来看，要求至少有 $k = 3$ 的信号数。然而，接收器要收到超过 k 个信号，即 m 个信号，也不是不可能的。在超声波定位系统中，传感器独立传播信号。因此，定位的可靠程度可以用 k-out-of-n 系统来描述，即是一种有着独立的非统一要素的 k-out-of-n:G 系统的组合情况。超出的信号数量可以增加系统的可靠程度。根据 Boland 和 Proschan（1983）采用的最小路径设定，在至少存在 k 个信号的前提下，定位目标物的定位可靠性可以通过下式计算得到：

$$\text{Re}(k, m) = \sum_{i=k}^{m} (-1)^{i-k} \binom{i-1}{k-1} \sum_{j1 < j2 < \cdots < ji} \prod_{t=1}^{i} \text{Pr}(r_{jt}) \quad (5.12)$$

式中，$\Pr(r_{jt})$ 表示成功侦测到记为 $j1$ 的传感器发送出的信号的概率。在这个等式中，对于任何一个固定的 i 值，内部加总项告诉我们第 i 个信号被成功侦测的概率，无论其他的 $m-i$ 个信号有没有被侦测到。当 $k=m$ 的时候，这个可靠性系统被弱化为若干个系统并且定位的可靠性可以被简化为：

$$Re(m,m) = \prod_{t=1}^{m} \Pr(r_i) \qquad (5.13)$$

显然，定位的可靠程度取决于覆盖目标物的传感器数量以及目标物与各个传感器之间的感应距离。随着感应距离的减少，r_{j1} 跟着减少，$\Pr(r_{jt})$ 和 $Re(k,m)$ 随之增加。由于传感器的布局模式决定了覆盖目标物的信号数量和与目标物的距离，定位可靠性也就取决于这两者。

5.2.3　模型建立

传感器网络的设置影响传感器布局，不仅要用最低的成本提供高覆盖范围，还要与符合定位服务要求，且与传感器的特征相匹配，如锥角和感应范围。布局成本取决于系统中的传感器数量。对于超声波传感器，一般而言，设计的投射区域（实线范围）要大于传感器的布局区域（短虚线范围），才能忽略边界效应。也就是说，对于每一个布局模式，系统所要求的传感器数量是一个关于边长 l_n 的函数，因此当给定了设计布局区域，边长 l_n 越大，布局成本就会越低。在一个超声波定位系统中，为了避免信号交叉覆盖，要求覆盖同一个目标物的多个传感器有序发送信号。这样，每个布局中的传感器都有序地发送信号以追踪在每个基本布局结构覆盖的目标物，因此，不同布局在精度上和定位可靠性上产生的相互影响可以被忽略，并且我们只关注一种布局来研究最大的边长 l_n。因此，在保证精度和可靠性的布局模式中，最小化布局成本等同于最大化边长 l_n。

图 5.3 展示了三种规则布局模式的投射覆盖范围：包括正三边形布局，正四边形布局和正六六边形布局。图中的圆点代表定位传感器，长虚线圆圈代表对应的传感器在目标物平面的投射区域。我们把 k 个圆圈的交叉区域定义为 k 级覆盖区域；也就是 k 个传感器的交叉覆盖区域。对于三维环境定位布局问题，我们需要在整个目标物平面上投射至少达到三级覆盖水平的区域。因此，我们称三级覆盖区域为有效覆盖区域。例如，对于三角布局模式，有效的覆盖范围只有里面的三级覆盖区域。然而，对于正四边形和六边形，有效的覆盖范围包括三级及三级以上覆盖区域。注意到，对于不同的布局模式，投射的有效覆盖区域也呈现相同的模式。同时，为了保证目标物平面的每个点都在有效的覆盖范围之内，投射在目标物平面上的有效多边形覆盖区域边长（k）不能比传感器平面上的传感器布局多边形边长更短。我们称这种现象为几何限制。三种布局模式的有效覆盖区域都用实线标示了出来。除了这个以外，我们也有定位精度和可靠性的限制。

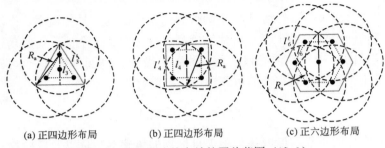

(a) 正四边形布局　　　　(b) 正四边形布局　　　　(c) 正六边形布局

图 5.3　三种模式的有效的覆盖范围（$k \geq 3$）

传感器的布局问题可以被定义为：

$$\max l_n$$

约束条件：

$$l'_n \geq l_n$$

$$\sup K(p) \leq K_0, \quad p \in W_p$$

$$\lambda_i(p)(R - \sqrt{(x-x_i)^2 + (y-y_i)^2 + h^2}) \geq 0, \quad i = 1, \cdots, n$$

$$(1 - \lambda_i(p))(\sqrt{(x-x_i)^2 + (y-y_i)^2 + h^2} - R) \geq 0, \quad i = 1, \cdots, n$$

$$m(p) = \sum_{i=1}^{n} \lambda_i(p),$$

$$m(p) \geq k(p),$$

$$\inf \mathrm{Re}(k(p), m(p)) \geq \mathrm{Re} l_0, \quad p \in W_P$$

$$l_n, h \geq 0, \quad n = 3, 4, 6$$

式中，K_0 和 $\mathrm{Re} l_0$ 分别表示定位精度和定位可靠性的阈值。$p = (x, y, -h)$ 和 W_p 分别表示，在目标物运动平面上，目标物的位置和放置传感器，$K(p)$ 和 $m(p)$ 分别表示最低要求的传感器数量和覆盖实际目标物的数量。从而，这个问题类似于简单的二维空间(l_n, h)问题；然而，以下几点原因使得问题存在很多难点：精度和可靠性的函数性质并不清晰，我们只知道它们是非线性的、非连续的、复杂的；精度和可靠性的表达式取决于覆盖目标物 P 的传感器数量；数量越大，表达式越复杂；对于每个布局方案(l_n, h)，均要保证在多边形布局模式下的所有目标物满足定位条件。要解决这个问题，需要解决两个延伸问题，如何识别定位要求和如何确定可靠性的临界条件。在解决一个特定的传感器布局问题之前，选定符合定位服务要求的临界条件和合适的传感器类型是有必要的。这就是说，每一个关于传感器的布局问题的实际方案都会引发一系列边界条件问题。为了确保计算时间不会超过 24 小时的实际调度时间,每一个传感器布局问题都应该在 4 分钟内被计算出来;然而,现有的方法都无法高效地解决这个问题,如仿真退火算法。举例说明,在一台配有 2.27GHZ 的英特尔处理器和运行内存为 4GB 的计算机上,使用MATLAB7 进行仿真退火算法,在正三边形布局、正四边形形布局和六边形布局三种模式下,分别花费了 153.83 分钟、266.51 分钟和 330.13 分钟来精准解决一个布局单元结构的优化问题。因此,获得一个解析解是一项艰巨的任务。然而,一个解析解简单易行,又能够弄清楚定位性能的表现和布局模式中应该采用的传感器类型。更重要的是,采用数值计算得到的最优定位方法在感应区域的表现并不是整体最优的,并且其不稳定性会导致无法为整个感应区域提供精确的定位服务。因此,需要新的方法来分析定位性能的属性。

5.3　布局策略优化研究

在这个部分,我们从几何约束、定位精度和定位可靠性几个方面分析定位传感器的布局问题,以保证在较差的定位精度和定位可靠性下发现目标物。尽管数值方法,如仿真退火算法,能在不到几个小时内准确解决一个特定布局结构的优化问题,但是这种方法是不稳定、不可靠、不高效且不具有可行性的。因此,需要一个简单操作的解析解来节约计算时间,以及精确连续地检查目标物的定位需求,从而衡量定位性能和传感器类型的影响。通过发现定位精度和定位可靠性薄弱区域,并对其进行限制,就有可能避免将需要高质量定位服务的关键点放置在这些区域内。

5.3.1　几何约束分析

如图 5.3 所示,投射在目标物平面上的多边形和在传感器平面上的多边形的中心是一样的,但是有 $l_n' \geqslant l_n$ 的几何限制。我们将分析每种布局模式下的几何限制条件。

对于三角布局模式,存在一个关于 l_3' 和 l_3 的几何关系:

$$R_a^2 = (l_3'/2)^2 + (\sqrt{3}l_3/3 + \sqrt{3}l_3'/6)^2 \tag{5.14}$$

因为 $l_3' \geqslant l_3$,我们得到:

$$R_a^2 = (l_3/2)^2 + (\sqrt{3}l_3/3 + \sqrt{3}l_3'/6)^2 = l_3^2 \tag{5.15}$$

因此,几何约束转化为:

$$l_3' \leqslant R_a \tag{5.16}$$

同样地,对于四边形布局,l_4' 和 l_4 有如下的几何关系:

$$R_a^2 = (l_4/2)^2 + (l_4'/2 + l_4/2)^2 \tag{5.17}$$

因为 $l_4' \geqslant l_4$,我们得到:

$$R_{\text{a}}^2 = (l_4/2)^2 + (l_4'/2 + l_4/2)^2 = \frac{\sqrt{5}}{2}l_4^2 \tag{5.18}$$

因此，几何约束要求：

$$l_4 \leqslant 2\sqrt{5}R_{\text{a}}/5 \tag{5.19}$$

同样地，在正六边形布局策略中的几何关系是：

$$R_{\text{a}}^2 = l_6^2 + (\sqrt{3}l_6'/2)^2 \tag{5.20}$$

因为 $l_6' \geqslant l_6$ 我们得到：

$$R_{\text{a}}^2 \geqslant l_6^2 + (\sqrt{3}l_6'/2)^2 = \frac{7}{4}l_6^2 \tag{5.21}$$

因此，几何约束是：

$$l_6 \leqslant 2\sqrt{7}R_{\text{a}}/7 \tag{5.22}$$

从以上的分析可以得出，几何约束为不同的布局模式设定了边长的上限。作为参考，在三层覆盖区域中，我们定义上限为 l_{gn}；也就是，$l_{g3} = R_{\text{a}}$，$l_{g4} = 2\sqrt{5}R_{\text{a}}/5$，$l_{g6} = 2\sqrt{7}R_{\text{a}}/7$。同样地，在四层覆盖区域中，我们定义上限为 l_{gn}'，并且 $l_{g4}' = \sqrt{10}R_{\text{a}}/5$，$l_{g6}' = \sqrt{3}R_{\text{a}}/3$。五层覆盖区域和六层覆盖区域的上限分别是 $l_{g6}'' = \sqrt{14}R_{\text{a}}/7$，$l_{g6}' = R_{\text{a}}/2$。从第 3.1 节中我们知道，$R_{\text{a}}$ 是一个关于传感器放置高度 h、感应角度 θ，还有传感器的感应范围 R 的函数。当高度系数 $C_{\text{h}} \leqslant \cos(\theta/2)$ 时，$R_{\text{a}} = h\tan(\theta/2)$，而当 $C_{\text{h}} > \cos(\theta/2)$ 时，$R_{\text{a}} = \sqrt{R^2 - h^2}$。因此，几何界限 l_{gn} 和 l_{gn}' 在布局高度 h 中是单峰的，并且在感应范围 R 和感应角度 θ 中是非减的。

5.3.2 定位精度分析

为了便于说明，我们选择的坐标系如下：传感器被放置在 xy 平面，原点设定在 $S_1 = (X_0, Y_0, 0)$，x 轴指向 $\overrightarrow{S_1S_3}$，并且目标平面有 $z=h$，如图 5.4 所示，在此情况下，J 的第三列是零，可以被消除。令 $a_i = \partial h(p, s_i)/\partial x = (x - x_i)/r_i$，且 $b_i = \partial h(p, s_i)/\partial y = (y - y_i)/r_i$，那么：

$$J = \begin{pmatrix} a_1 & b_1 \\ \vdots & \vdots \\ a_n & a_n \end{pmatrix}$$

通过对等式（5.7）进行变形，我们得到：

$$\frac{1}{K^2} = \sum_{i=1}^{n} a_i^2 \sum_{i=1}^{n} b_i^2 - \left(\sum_{i=1}^{n} a_i b_i\right)^2 \tag{5.23}$$

$$= \sum_{i=1}^{n-1} \sum_{j=i+1}^{n} (a_i b_j - a_j b_i)^2$$

式中，n 表示覆盖目标物的传感器的个数。

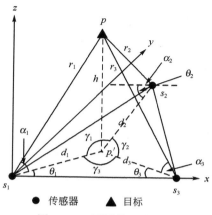

图 5.4　三层覆盖区域分析

我们分析使用图 5.4 的三层覆盖区域，注意 a_i 等于线段 $\overrightarrow{ps_i}$ 与 x 轴夹角的余弦值。令 p' 是 p 在 xy 平面的投影。令 $\alpha_i = \angle ps_1p'$ 表示线段 $\overrightarrow{ps_i}$ 和平面 $z=0$ 的夹角，θ_i 表示线段 $p's_1$ 的投影和 x 轴的夹角。由三角函数关系，我们得到：$a_1 = \cos\alpha_1\cos\theta_1$。

同理，可以得到：$a_2 = -\cos\alpha_2\cos\theta_2$，$a_3 = -\cos\alpha_3\cos\theta_3$，$b_1 = \cos\alpha_1\sin\theta_1$，$b_2 = -\cos\alpha_2\sin\theta_2$，$b_3 = \cos\alpha_3\sin\theta_3$。令 $\gamma_1 = \angle s_1p's_2$，有 $\theta_2 + \gamma_1 - \theta_1 = \pi$，因而有：

$$(a_1b_2 - a_2b_1)^2 = \cos^2\alpha_1\cos^2\alpha_2\sin^2(\theta_1 - \theta_2)$$
$$= \cos^2\alpha_1\cos^2\alpha_2\sin^2\gamma_1$$

同理，可以得到：$(a_2b_3 - a_3b_2)^2 = \cos^2\alpha_2\cos^2\alpha_3\sin^2\gamma_2$，$(a_1b_3 - a_3b_1)^2 = \cos^2\alpha_1\cos^2\alpha_3\sin^2\gamma_3$。因为 $\gamma_2 = \angle s_2p's_3, \gamma_2 = \angle s_3p's_1$，所以有：

$$\frac{1}{K^2} = \cos^2\alpha_1\cos^2\alpha_2\sin^2\gamma_1 + \cos^2\alpha_2\cos^2\alpha_3\sin^2\gamma_2$$
$$+ \cos^2\alpha_1\cos^2\alpha_3\sin^2\gamma_3 \tag{5.24}$$

令 S_i 代表在 $\triangle S_1S_2S_3$ 中含有角 γ_1 的子三角形，并且存在 $d_4 = d_1$，得到 $S_i = 1/2 d_id_{i+1}\sin\gamma_i, i=1,2,3$。因为，$\cos\alpha_i = d_i/r_i$，$i$=1，2，3，有：

$$\frac{1}{K^2} = \sum_{i=1}^{3}\frac{4S_i^2}{r_i^2r_{i+1}^2} \tag{5.25}$$

对于定位服务，我们要求在目标平面投影的多边形的最大的定位解 K 不能超过阈值，也就是说，$\sup K(p) \leqslant K_0$。根据算数和几何的不等式意义，K 值的上限将会在它的三个元素相等时达到，这就意味着：

$$\frac{4s_1^2}{r_1^2r_2^2} = \frac{4s_2^2}{r_2^2r_3^2} = \frac{4s_3^2}{r_1^2r_3^2}$$

对于三角形的布局，$\triangle S_1 S_2 S_3$ 是边长为 l_3 的等边三角形，因此 K 的边界就应该发生在当 p' 处于 $\triangle S_1 S_2 S_3$ 中心的时候，在这种情况下：

$$d_1 = d_2 = d_3 = \sqrt{3} l_3 / 3, s_1 = s_2 = s_3 = \sqrt{3} l_3^2 / 12$$
$$\Rightarrow \inf(1 / K) = l_3^4 / (4(l_3^2 / 3 + h^2)^2)$$

这形成了以下精确解的要求：

$$l_3 / 3 = l_{p3} = \sqrt{\frac{6}{3k_0 - 2}} h \qquad (5.26)$$

我们可以对正四边形布局进行类似的分析。对于内部区域，目标平面被四个传感器覆盖了。在这种情况下，上界 $\sup K(p)$ 将在 p' 处于 $\triangle S_1 S_2 S_3$ 中心的时候得到。那么我们会得到以下精确解的要求 $l_4 \geqslant l_{p4_1}$：

$$l_{p4_3} = \sqrt{\frac{2}{2k_0 - 1}} h \qquad (5.27)$$

在内部四层覆盖区域的外部是三层覆盖区域，上限 $\sup K(p)$ 将在 p' 处于四边形 $S_1 S_2 S_3 S_4$ 对角线的交点取得，而且边界将处于三层覆盖区域和四层覆盖区域之间。这就要求以下的精确解满足 $l_4 \geqslant l_{p4_2}$：

$$l_{p4_2} = \sqrt{\frac{3 - 2\sqrt{2} - B + \sqrt{(3 - 2\sqrt{2} + B)^2 + 4(3 - 2\sqrt{2})(K_0 - B)}}{(6 - 4\sqrt{2})(k_0 - B)}} h \qquad (5.28)$$

且 $B = 2 - \sqrt{2} - 2K_0(\sqrt{2} - 1)$。

因此，为了求出在正四边形布局模式的最优解，所有的条件都应该被满足，严格的限制条件为：

$$l_4 \geqslant \max(l_{p4_1}, l_{p4_2}) \qquad (5.29)$$

正六边形布局策略则更加复杂，因为我们需要单独地考虑三层覆盖区域、四层覆盖区域、五层覆盖区域、六层覆盖区域并且检查在相对应的临界点的准确的要求。这个分析就类似于在四边形布局中的分析，但又多了几种情形。从几何约束来说，当边长 l_6 从 0 变化到 l_{g6}，$l_6 \leqslant R_a / 2$，也就是说，$l_6 / l_{g6} \leqslant 0.66$ 时整个区间被六个定位传感器所覆盖。根据 5.2.1 部分对定位精确度的定义，对于整个合格服务的区域 $\sup K$ 的最大定位精确度，存在着一个解析形式的表达式，即：

$$\sup K = \frac{1}{3} + \frac{h^2}{3l_6^2} \qquad (5.30)$$

这是一个关于 l_6 的严格递减函数。然而，当比率 $l_6 / l_{g6} > 0.66$ 时，最大定位精确度 $\sup K$ 取决于定位传感器的布局高度 h 以及定位传感器的最大感应角度 θ。我们进行了模拟实验来分析当最大球锥角 $\theta = \pi/3$ 的正六边形布局情况下 $\sup K$ 与比率 l_6 / l_{g6} 的函数变化情况，结果如图 5.5 所示。

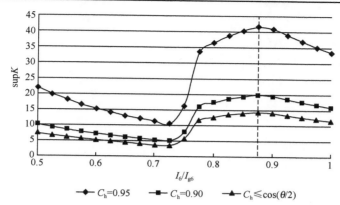

图 5.5　当锥角 $\theta=\pi/3$ 时正六边形布局策略的定位精度分析

可以看出，对于一个给定的定位传感器的布局高度系数 C_h，当边长 l_6 增大的时候，$\sup K$ 首先会因为六边形布局中边长的增大而减小，然后因为传感器由 6 个变为 3 个而增大；然后因为在三层覆盖区域边长的增大而再次减小。然而，我们发现，$\sup K$ 取得最大时的边长总是满足 $l_6/l_{g6}=0.87$ 并且最大感应角度为 $\pi/3$。对于每一个定位传感器的布局高度，我们定义 $K_1(C_h) = \sup K(l_6 / l_{g6} = 0.87)$，并且 $K_2(C_h) = \sup K(l_6 / l_{g6} = 1)$。如果要求的定位精确约束 $K_0 \geqslant K_1(C_h)$，$\sup K$ 发生在六层覆盖区域，并得到：

$$I_6 \geqslant I_{P6} = \sqrt{\frac{1}{3k_0 - 1}} h \qquad (5.31)$$

如果存在 $K_0 \in \left[K_2(C_h), K_1(C_h) \right]$，则 $l_6 \geqslant l_{p6} = \arg\max_{l_6} (\sup K \geqslant K_0)$；如果存在 $K_0 < K_2(C_h)$ $l_6 \in \arg\max_{l_6} (\sup K \geqslant K_0)$。这里给出了精确的边长的上界和下界。然而，我们的目标是使得边长最大化，因此只考虑限定上界的约束，譬如这个精度约束 $l_{p6} = \arg\max_{l_6} (\sup K \geqslant K_0)$。对于球锥角为 $2\pi/3$ 的定位传感器，除了 $K_1(C_h) = \sup K(l_6 / l_{g6} = 0.83)$ 外，对正六边形布局策略也存在类似的分析和结论。

5.3.3　定位可靠性分析

本节中，我们研究了在 5.2.2 节中定义的定位可靠性函数和约束布局定位的可靠性。

进行定位可靠性分析，我们先来看看定位可靠性函数的性质，具体体现在以下三个定理。

定理 5.1　$\Pr(r)$ 是凹函数并且在 r 上严格递减。

证明：式（5.11）中 $\Pr(r)$ 的方程是关于 r 的减函数。当距离 r 接近 0 的时候，$\Pr(r = r_0) = 1$；当 r 接近感应边界 R 时，$\Pr(r)$ 接近监控下界，概率为 $\Pr(r = R)$。

因为 $\log(r/r_0)$ 是关于 r 的凹函数，$\alpha(f)(r-r_0)$ 是一个线性函数，$SPL(r)$ 是关于 r 的凸函数，所以 $g(r)=(SPL_{\min}-SPL(r)-\mu)/\sigma_N<0$ 是一个关于 r 的凸函数。当 $x<0$ 时，$\phi(x)$ 是一个非递减的凸函数，一阶导函数为：

$$\frac{\mathrm{d}g(r)}{\mathrm{d}r}=-\frac{1}{\sigma_N}\frac{\mathrm{d}SPL(r)}{\mathrm{d}r}=\frac{20r_0/r+\alpha(f)}{\sigma_N}\qquad(5.32)$$

因此二阶导函数为：

$$\frac{\mathrm{d}^2\phi(g(r))}{\mathrm{d}^2r}=\frac{\mathrm{d}^2\phi(g(r))}{\mathrm{d}^2g(r)}\left(\frac{\mathrm{d}g(r)}{\mathrm{d}r}\right)^2+\frac{\mathrm{d}\phi(g(r))}{\mathrm{d}g(r)}\frac{\mathrm{d}^2g(r)}{\mathrm{d}^2r},\qquad(5.33)$$

其中：

$$\frac{\mathrm{d}^2g(r)}{\mathrm{d}^2r}=-\frac{20r_0}{\sigma_{N}r^2},\frac{\mathrm{d}^2\phi(g(r))}{\mathrm{d}^2g(r)}=-\frac{\mathrm{d}\phi(g(r))}{\mathrm{d}g(r)}g(r)\qquad(5.34)$$

然后得到：

$$\frac{\mathrm{d}^2\phi(g(r))}{\mathrm{d}^2r}=\frac{\mathrm{d}\phi(g(r))}{\mathrm{d}g(r)}\frac{1}{\sigma_N}\left(-g(r)\frac{(20r_0/r+\alpha(f))^2}{\sigma_N}-\frac{20r_0}{r^2}\right)\qquad(5.35)$$

我们是根据市场上大多数的超声波传感器的运用环境和要求进行研究的，因而具有普遍性。我们假设超声波的频率 $f\sim40\mathrm{kHZ}$，感应范围 $R\geqslant2m$，测量距离 $r>0.1R$，距离的标准差 $\sigma_N<10$，距离监控的下界 $\mathrm{Re}l_o=\mathrm{Pr}(R)\geqslant0.9$，最小监控距离 r_0 和感应区域 R 之间的比率 $r_0\sim R\ 1/100$。因为 $\mathrm{Pr}(r)>\mathrm{Pr}(R)\geqslant0.9$，查阅正态分布表得到 $g(r)<-1$。通过上述的假设，得到 $(20r_0/r+\alpha(f))>1$。对于 $r\in[0.1R,R]$：

$$-g(r)\frac{(20r_0/r+\alpha(f))^2}{\sigma_N}-\frac{20r_0}{r^2}>0\qquad(5.36)$$

因为 $\mathrm{d}\phi(g(r))/\mathrm{d}g(r)$ 是一个大于 0 的概率密度函数，我们有：

$$\frac{\mathrm{d}^2\phi(g(r))}{\mathrm{d}^2r}>0,\qquad\frac{\mathrm{d}^2\mathrm{Pr}(r)}{\mathrm{d}^2r}<0\qquad(5.37)$$

意味着 $\mathrm{Pr}(r)$ 是关于 r 的一个凸函数，**证毕。**

一个点的可靠性对于覆盖这个点的传感器来说是非递减的。令 n 为覆盖一个确定点的传感器的数目，对于，$1<k\leqslant n,\mathrm{Re}(k,n)\geqslant0$。假设从第 $n+1$ 个传感器开始存在一个成功的检测概率 P_{n+1} 的信号，然后 $\mathrm{Re}(k,n+1)=\mathrm{Re}(k,n)(1-P_{n+1})+P_{n+1}\mathrm{Re}(k-1,n)$，因为 $\mathrm{Re}(k-1,n)\geqslant\mathrm{Re}(k,n)$。如果这个点被三个以上的传感器几何覆盖，即发生在 $l_4\leqslant l'_{g4}=\sqrt{10}R_a/5$，$l_6\leqslant l'_{g6}=2\sqrt{21}R_a/21$，对于任意在此区域的点，$\mathrm{Re}(k,n)\leqslant\mathrm{Re}(k-1,n)$ 表明 $\mathrm{Re}(3,4)\leqslant\mathrm{Re}(3,5)\leqslant\mathrm{Re}(3,6)$。在四层区域覆盖中，令 P_i 为目标 p 到第 i 个传感器的可靠性。然后根据可靠性的定义，我们有：

Re(3,4)

$$= P_1P_2P_3(1-P_4)+P_1P_2P_4(1-P_3)+P_1P_3P_4(1-P_2)+P_2P_3P_4(1-P_1)+P_1P_2P_3P_4 \quad (5.38)$$
$$= P_1(P_2P_3(1-P_4)+P_2P_4(1-P_3)+P_3P_4(1-P_2))+P_2P_3P_4$$

因 为 $P_i \in (0,1), 1-P_i \geqslant 0$，Re(3,4) 是 关 于 $P_2P_3P_4$ 的 递 增 函 数 。 我们得出 Re(3,4) $\geqslant P_r^3(R)(4-3P_r(R))$，通过求解不等式 $P_r^3(R)(4-3P_r(R)) \geqslant \mathrm{Re}l_0 = P_r(R)$，我们有 $P_r(R) \in [0.77,1]$ 因此，可靠性约束对于正覆盖率（$N>3$）区域不具有约束力。因此，在下面，我们只需要分析三层覆盖区域下（$K=3$）的具有最差定位可靠性的那个点。

定理 5.2　令 $\triangle S_1S_2S_3$ 代表由三个在传感器布局平面中相邻的传感器，$\|S_2S_1\|=\|S_3S_1\|$，G 代表了其重心，P 是一个在目标平面上被 $\triangle S_1S_2S_3$ 覆盖的点，p' 是它在 $\triangle S_1S_2S_3$ 上的投影。对于任一固定的 d_1 以及相应的 r_1，目标 P 到传感器 S_2 和 S_3 的距离总和 r_2+r_3 是一个关于 d_0 的单调递增函数，其中 d_0 是 p' 和 G 之间的距离。

证明：我们首先证明了 $\sum_{i=1}^{3} d_i^2$ 是 d_0 的一个增函数，其中 d_i 为从 p' 到 s_i 的距离，$i=1,2,3$。p' 和 p 一样具有相同的平面坐标 (x, y)。G 的平面坐标可以表示为 $\left(\sum_{i=1}^{3} x_i / 3, \sum_{i=1}^{3} y_i / 3\right)$。

$$\sum_{i=1}^{3} d_i^2 = \sum_{i=1}^{3}[(x-x_i)^2+(y-y_i)^2] = \sum_{i=1}^{3}\left[\begin{array}{l} (x-\dfrac{\sum_{i=1}^{3} X_i}{3}+x-\dfrac{\sum_{i=1}^{3} X_i}{3}-x_i)^2 \\ +(y-\dfrac{\sum_{i=1}^{3} Y_i}{3}+\dfrac{\sum_{i=1}^{3} Y_i}{3}-y_i)^2 \end{array} \right]$$

$$= \sum_{i=1}^{3}\left[(\dfrac{\sum_{i=1}^{3} x_i}{3}-x_i)^2+(\dfrac{\sum_{i=1}^{3} y_i}{3}-y_i)^2+(x-\dfrac{\sum_{i=1}^{3} x_i}{3})^2+(y-\dfrac{\sum_{i=1}^{3} y_i}{3})^2 \right.$$

$$\left. +2(x-\dfrac{\sum_{i=1}^{3} x_i}{3})(\sum_{i=1}^{3}(\dfrac{\sum_{i=1}^{3} x_i}{3}-x_i))+2(y-\dfrac{\sum_{i=1}^{3} y_i}{3})\left(\sum_{i=1}^{3}(\dfrac{\sum_{i=1}^{3} y_i}{3}-y_i)\right) \right]$$

$$= \sum_{i=1}^{3}\|GS_i\|^2+3d_o^2$$

式中，$\|GS_i\|$ 表示的是坐标 G 到传感器 S_i 的距离。因为 $\sum_{i=1}^{3}(\dfrac{\sum_{i=1}^{3}x_i}{3}-x_i)=$

$\sum_{i=1}^{3}x_i-\sum_{i=1}^{3}x_i=0$，$\sum_{i=1}^{3}(\dfrac{\sum_{i=1}^{3}y_i}{3}-y_i)=\sum_{i=1}^{3}y_i-\sum_{i=1}^{3}y_i=0$ 且 $\sum_{i=1}^{3}\|GS_i\|^2$ 是一个常数，$\sum_{i=1}^{3}d_i^2$

是 d_0 的一个增函数。当 r_1、d_1 固定时，r_2+r_3 是 $d_2^2+d_3^3$ 的一个增函数。定义
$r_i=\sqrt{d_i^2+h^2}$，得到：

$$C_{(r_2+r_3)}=(r_2+r_3)^2=r_2^2+r_3^3+2r_2r_3=d_2^2+d_3^3+2h^2+2\sqrt{d_2^2d_3^3+d_2^2+d_3^3+h^4} \qquad (5.39)$$

假设 $v=d_2^2+d_3^3>0$，$u(v)=\min(d_2^2,d_3^3)$，因此：

$$C(v)=v+2h^2+2\sqrt{u(v)(u-v(v))+v+h^4} \qquad (5.40)$$

针对 v 求导得到：

$$C'(v)=1+\frac{u(v)+1+u(v)v-2u'(v)u(v)}{\sqrt{u(v)(u-v(v))+v+h^4}} \qquad (5.41)$$

图 5.6 从几何的视角描绘分析 v 和 $u(v)$ 的关系。对于固定的 r_1、d_1 来讲是固定的，p' 沿着 PQ 线移动。因为在 $\triangle S_1S_2S_3$ 中，$\|S_1S_2\|=\|S_3S_1\|$，当 p' 从 PQ 中点移动到 P 或 Q 处时，$v=\|p'S_2\|+\|p'S_3\|^2$ 逐渐增大，当 $u(v)=\min(\|p'S_2\|^2,\|p'S_3\|^2)$ 增加时，$u(v)$ 是一个增函数。例如，当 $u'(v)<0$ 时，$C'(v)>0$，意味着（r_2+r_3）会跟着 $d_2^2+d_3^3$ 增长，因为 d_1 和 r_1 不变。对于给定的 d_1 和 r_1，$d_2^2+d_3^3$ 是关于 d_0 的一个增函数，所以对于给定的 d_1 和 r_1，$(r_2+r_3)^2$ 也是关于 d_0 的一个增函数，证毕。

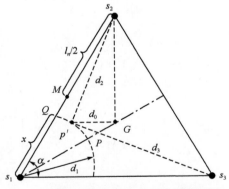

图 5.6　考虑定位可靠性的三维覆盖区域

定理 5.3　令 $\triangle S_1S_2S_3$ 代表由三个在传感器布局平面中相邻的传感器，$\|S_2S_1\|=\|S_3S_1\|$，G 代表了其重心，P 是一个在目标移动平面上被 $\triangle S_1S_2S_3$ 覆盖的

点，p' 是它在 $\triangle S_1S_2S_3$ 上的投影。对于任一固定的 d_1 以及相应的 r_1，$P_r(r_2)P_r(r_3)$ 是一个关于 d_0 的减函数，其中 d_0 为 p' 和 G 之间的距离。

证明： 根据定位可靠性的定义，在三层覆盖区域，目标 P 的定位可靠性为 $\mathrm{Re}l(P)=\prod_{i=1}^{3}\mathrm{Pr}(r_i)$。定理 5.3 的证明与定理 5.2 的证明类似。对于给定的 d_1，$\mathrm{Pr}(r_1)$ 值是确定的。由于 r_2+r_3 是关于 d_0 和 r_1 的增函数。假设 $r_2+r_3=f_1(d_0)$，$\min(r_2,r_3)=g_1(f_1(d_0))$。由于对称性，根据一般规律，假设 $g_1(f_1(d_0))=r_2$，$r_3=f_1-g_1(f_1(d_0))$，那么另外两个信号的可靠性为：

$$\mathrm{Pr}(r_2)\mathrm{Pr}(r_3)=\mathrm{Pr}(g_1(f_1(d_0))\mathrm{Pr}(f_1(d_0)-g_1(f_1(d_0)))\qquad(5.42)$$

对 d_0 求一阶导数可得：

$$(\mathrm{Pr}(r_2)\mathrm{Pr}(r_3))'=\mathrm{Pr}'(r_2)g_1'(f_1(d_0)f_1'(d_0)\mathrm{Pr}(r_3)+\mathrm{Pr}(r_2)\mathrm{Pr}'(r_3)\times(f_1'(d_0)-g_1'(f_1(d_0))f_1'(d_0))$$
$$=\mathrm{Pr}'(r_2)\mathrm{Pr}(r_3)-\mathrm{Pr}(r_2)\mathrm{Pr}'(r_3)g_1'(f_1(d_0)f_1'(d_0)+\mathrm{Pr}(r_2)\mathrm{Pr}'(r_3)f_1'(d_0)$$

$$(5.43)$$

由于 $\mathrm{Pr}(r)>0$，$\log'\mathrm{Pr}(r)=\mathrm{Pr}'(r)/\mathrm{Pr}(r)$，根据定理 5.1 可知，$\mathrm{Pr}(r)$ 是一个凹函数，因而 $\mathrm{Pr}''(r)<0$。因此，$\log'\mathrm{Pr}(r)=\mathrm{Pr}'(r)/\mathrm{Pr}(r)$ 是一个减函数。由于 $r_2\leqslant r_3$，因而 $\mathrm{Pr}'(r_2)/\mathrm{Pr}(r_3)-\mathrm{Pr}'(r_3)/\mathrm{Pr}(r_2)\geqslant0$。根据定理 5.2，$f_1'(d_0)>0$。与定理 5.2 中 $u(v)$ 的证明相似，$\mathrm{Pr}'(r)<0$。因此，对于任何给定的 d_1 和 r_1，均有 $(\mathrm{Pr}(r_2)/\mathrm{Pr}(r_3))'_{d_0}<0$，**证毕。**

根据以上三个理论，每一个规则布局模式中定位可靠性的下界临界点的目标位置可以通过以下两个引理来识别。

引理 5.1 当布局为正三边形、正四边形、正六边形的规则布局状态时，可靠性的下界限在 p' 位于线段 $\overline{S_2S_1}$ 或者 $\overline{S_3S_1}$ 上取得。

证明： 每种规则布局模式下覆盖目标物的多边形如图 5.3 所示，如果目标只被三个定位传感器覆盖，那么，这三个定位传感器一定是布局在目标周围的定位传感器。否则，该目标一定被三个以上的定位传感器覆盖。如图 5.6 所示，固定的 d_1 和相对应的 r_1，当 p' 与 Q 重合时属于线段 $\overline{S_2S_1}$ 和弧 PQ 的交点，此时 p' 取到 d_0 的最大值。根据定理 5.3，位于点 Q 上的定位可靠性不大于位于弧 PQ 上任意一点的定位可靠性。由于 $d_1\in[0,l_n]$，可靠性的下界必定在线段 $\overline{S_2S_1}$ 和 $\overline{S_3S_1}$ 上取得，如果目标被三个以上的定位传感器覆盖，则在覆盖目标的定位传感器的布局平面上必定存在一个由三个相邻传感器形成的正三边形。由定理 5.3 可知，当 $n\geqslant3$ 时，有 $\mathrm{Re}(3,3)\leqslant\mathrm{Re}(3,n)$，从而对于任何 $d_1\in[0,l_n]$，目标的定位可靠性大于线段 $\overline{S_2S_1}$ 和 $\overline{S_3S_1}$ 的交点 Q 所对应的定位可靠性，因此，定位可靠性的最小值必定在目标位于线段 $\overline{S_2S_1}$ 和 $\overline{S_3S_1}$ 上时取得，**证毕。**

引理 5.2 在三角形的布局中，可靠性的下限将在 S_1' 的顶部取得；在四边形的布局中，可靠性的下限将在 $d_1 = 0$ 时，S_1' 的顶部或者是 $d_1 = l_n / 2$ 时，在线段 $\overline{S_2 S_1}$ 或者 $\overline{S_3 S_1}$ 的中点处取得。

证明： 如图 5.6 所示，当 $\alpha = \pi / 3$、$\pi / 2$ 和 $2\pi / 3$ 时，$\triangle S_1 S_2 S_3$ 分别代表正三边形、正四边形和正六边形三种规则布局模式中的几何覆盖区域。为了便于描述，我们假设 $x = d_1$。由于对称性，只需证明 $x \in [0, l_n / 2]$ 时的情况。在三维覆盖区域中，可靠性为：$\mathrm{Rel}(p) = \mathrm{Pr}(r_1)\mathrm{Pr}(r_2)\mathrm{Pr}(r_3)$，求在 x 处和 $x \in [0, l_n / 2]$ 上的一阶导函数，有：

$$(\mathrm{Pr}(r_1)\mathrm{Pr}(r_2)\mathrm{Pr}(r_3))' = \mathrm{Pr}'(r_1)\frac{\mathrm{d}r_1}{\mathrm{d}x}\mathrm{Pr}(r_2)\mathrm{Pr}(r_3) + \mathrm{Pr}(r_1)\mathrm{Pr}'(r_2)\frac{\mathrm{d}r_2}{\mathrm{d}x}\mathrm{Pr}(r_3) + \mathrm{Pr}(r_1)\mathrm{Pr}(r_2)\mathrm{Pr}'(r_3)\frac{\mathrm{d}r_3}{\mathrm{d}x}$$

$$(5.44)$$

由于 $r_1 = \sqrt{x^2 + h^2}$，$\dfrac{\mathrm{d}r_1}{\mathrm{d}x} = \dfrac{1}{\sqrt{1 + h^2 / x^2}} > 0$，同理，存在 $r_2 = \sqrt{(l_n - x)^2 + h^2}$，

$\dfrac{\mathrm{d}r_2}{\mathrm{d}x} = -\dfrac{1}{\sqrt{1 + h^2 / (l_n - x)^2}} < 0$。

然而，因为 $(l_n - x) \geq x$，$\left|\dfrac{\mathrm{d}r_2}{\mathrm{d}x}\right| \geq \left|\dfrac{\mathrm{d}r_1}{\mathrm{d}x}\right|$。根据定理 5.1，$r_1 \leq r_2$，$\mathrm{Pr}'(r) < 0$，$\mathrm{Pr}(r_1) \geq \mathrm{Pr}(r_2) > 0$，$\mathrm{Pr}'(r_2) \leq \mathrm{Pr}'(r_1) < 0$，因此：

$$\mathrm{Pr}'(r_1)\frac{\mathrm{d}r_1}{\mathrm{d}x}\mathrm{Pr}(r_2) + \mathrm{Pr}(r_1)\mathrm{Pr}'(r_2) > 0 \tag{5.45}$$

在正三边形布局模式中，显然随着 x 的增加，r_3 随之减少，因此 $\dfrac{\mathrm{d}r_3}{\mathrm{d}x} < 0$，且：

$$\mathrm{Pr}(r_2)\mathrm{Pr}'(r_3)\frac{\mathrm{d}r_3}{\mathrm{d}x} > 0 \tag{5.46}$$

因此：

$$(\mathrm{Pr}(r_1)\mathrm{Pr}(r_2)\mathrm{Pr}(r_3))' > 0 \tag{5.47}$$

表明 $\mathrm{Rel}(p)$ 是关于 x 的增函数。从而，可靠性的下界在 $x = 0$ 处取得，此时位于 S_1' 的顶点。在正四边形和正六边形布局模式中，由于 $\mathrm{d}r_3 / \mathrm{d}x > 0$，无法判定所有方向下的 $(\mathrm{Pr}(r_1)\mathrm{Pr}(r_2)\mathrm{Pr}(r_3))'$ 关于 x 的单调性。然而，当 $x = l_n / 2$ 时，$r_1 = r_2$，从而：

$$(\mathrm{Pr}(r_1)\mathrm{Pr}(r_2)\mathrm{Pr}(r_3))' < 0 \tag{5.48}$$

为了判断当 x 从 0 增加到 $l_n / 2$ 时，$\mathrm{Rel}(p)$ 函数特性，求关于 x 的二阶导函数：$(\mathrm{Pr}(r_1)\mathrm{Pr}(r_2)\mathrm{Pr}(r_3))''$

$$= \mathrm{Pr}''(r_1)(\frac{\mathrm{d}r_1}{\mathrm{d}x})^2\mathrm{Pr}(r_2)\mathrm{Pr}(r_3) + \mathrm{Pr}'(r_1)\frac{\mathrm{d}^2 r_1}{\mathrm{d}x^2}\mathrm{Pr}(r_2)\mathrm{Pr}(r_3) + 2\mathrm{Pr}'(r_1)\frac{\mathrm{d}r_1}{\mathrm{d}x}\mathrm{Pr}'(r_2)\frac{\mathrm{d}r_2}{\mathrm{d}x}\mathrm{Pr}(r_3)$$

$$+2\Pr'(r_1)\frac{dr_1}{dx}\Pr'(r_2)\Pr'(r_3)\frac{dr_3}{dx}+\Pr(r_1)\Pr''(r_2)(\frac{dr_2}{dx})^2\Pr(r_3)+\Pr(r_1)\Pr(r_2)\frac{d^2r_2}{dx^2}\Pr(r_3)$$

$$+2\Pr(r_1)\Pr'(r_2)\frac{dr_2}{dx}\Pr'(r_3)\frac{dr_3}{dx}+\Pr(r_1)\Pr(r_2)\Pr''(r_3)(\frac{dr_3}{dx})^2+\Pr(r_1)\Pr(r_2)\Pr'(r_3)\frac{d^2r_3}{dx^2}$$

$$\text{（5.49）}$$

在正四边形布局和正六边形布局模式中，很明显我们可以发现 $\frac{d^2r_1}{dx^2}>0$，$\frac{d^2r_2}{dx^2}>0$，且：

$$\frac{dr_2}{dx}=\frac{x-l_n\cos\alpha}{\sqrt{(x-l_n\cos\alpha)^2+(l_n\sin\alpha)^2+h^2}}>0 \tag{5.50}$$

显然 $\frac{d^2r_3}{dx^2}$，因此：

$$\Pr'(r_1)\frac{dr_1}{dx}\Pr(r_2)+\Pr(r_1)\Pr'(r_2)\frac{dr_2}{dx}>0 \tag{5.51}$$

那么有：

$$2\Pr'(r_1)\frac{dr_1}{dx}\Pr(r_2)\Pr'(r_3)\frac{dr_3}{dx}+2\Pr(r_1)\Pr'(r_2)\frac{dr_2}{dx}\Pr'(r_3)\frac{dr_3}{dx}>0 \tag{5.52}$$

而且公式中其他的变量都是负的，所以：

$$(\Pr(r_1)\Pr(r_2)\Pr(r_3))''<0 \tag{5.53}$$

这说明 $\mathrm{Re}l(p)$ 是关于 x 的一个凹函数。当 $(\Pr(r_1)\Pr(r_2)\Pr(r_3))'|_{x=0}>0$ 时，$\mathrm{Re}l(p)$ 会先增加后减少，在 $x=0$ 或者 $x=l_n$ 时会得到定位可靠性的下界。当 $(\Pr(r_1)\Pr(r_2)\Pr(r_3))'|_{x=0}<0$ 时，$\mathrm{Re}l(p)$ 是关于 x 的一个严格下降函数，在 $x=d_1=l_n$ 时会得到定位可靠性的下界。因为无法确定 $(\Pr(r_1)\Pr(r_2)\Pr(r_3))'|_{d_1=0}$ 的值，在正四边形放置或者正六边形放置中，定位可靠性的下界在 $d_1=0$ 或者 $d_1=l_n$ 处取得，证毕。

如果定位可靠性的下限在 $d_1=0$ 时取得，通过求解不等式：

$$\Pr(h)\Pr^2(\sqrt{l_n^2+h^2})\geqslant \mathrm{Re}l_0$$

我们得出：

$$l_n\leqslant l_{m_0}=\sqrt{\Pr^{-1}(\sqrt{\mathrm{Re}l_0/\Pr(h)})^2-h^2} \tag{5.54}$$

如果定位可靠性的下限在 $d_1=l_n/2$ 时取得，通过求解不等式：

$$\Pr^2(\sqrt{l_n^2+h^2})\Pr(\sqrt{7l_n^2/4+h^2})\geqslant \mathrm{Re}l_0$$

得出：

$$l_n \leq l_{rn_1} = \arg\max_l \Pr^2(\sqrt{l_n^2/4 + h^2}) \Pr(\sqrt{7l_n^2/4 + h^2}) \geqslant \mathrm{Re}\, l_0 \qquad (5.55)$$

因此，对于正三边形布局策略，定位可靠性约束为：

$$l_n \leqslant l_{r3} = l_{r3_0} \qquad (5.56)$$

对于正四边形和正六边形布局，当 $n=4$ 或 6，定位可靠性约束为：

$$l_n \leqslant l_{rn} = \max(\min(l_{rn_0}, l_{rn_1}), l'_{gn}) \qquad (5.57)$$

5.4　布局策略对比研究

在上一节中，我们得到了可行域的完全和半完全解析表达式。在这一节中，根据 $\Pr(r)=0.95$ 的远距离的现场试验，可行域可以用来度量定位服务要求和球锥角对于不同布局策略的绩效的影响，这三种布局策略将根据覆盖性能进行对比。

5.4.1　可行域分析

本章考虑了 $\theta=\pi/3$ 和 $\theta=2\pi/3$ 两种球锥角度的定位传感器。根据上一节的分析，几何约束和可靠性约束确定了边长 l_3 的上界，定位精度约束则设定了边长 l_3 的下界。如果定位精度约束线在几何约束线之上，则没有了 l_3^* 的可行域，因此正三边形布局策略是无效的。图 5.7 显示了正三边形布局策略的可行域分析。

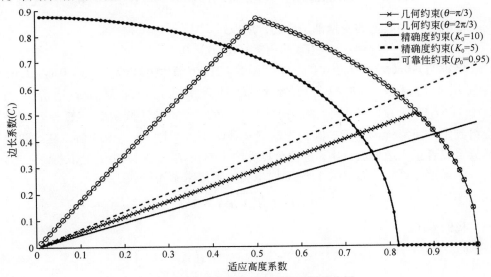

图 5.7　正三边形布局策略的可行域分析

当定位精度约束线在几何约束线之下，即：

$$K_0 \geqslant \frac{2}{3} + \frac{2}{\tan^2(\theta/2)} \qquad (5.58)$$

对一个给定的传感器布局高度来说最大的边长取决于几何约束和可靠性约束边界的最小值,即 $l_3^* = \min(l_{g3}, l_{r3})$。图 5.8 显示了球锥角度为 $\theta = \pi/3$ 和 $\theta = 2\pi/3$ 的正四边形布局策略的可行域分析。再次,如果定位精度约束的下界比几何约束的上界高,相当于:

$$K_0 < \frac{1}{2} + \frac{5}{2\tan^2(\theta/2)} \tag{5.59}$$

则没有可行域,正四边形布局策略无效。如果定位精度约束下界比几何约束的上界要高,最理想的边长 l_4^* 取决于几何约束和定位可靠性约束边界的最小值,即 $l_4^* = \min(l_{g4}, l_{r4})$。定位可靠性约束 l_{r4} 上界首先发生于 $\min(l_{r4_0}, l_{r4_1})$ 然后发生于 l'_{r4}。

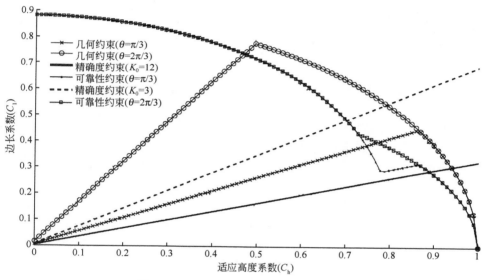

图 5.8　正四边形布局策略的可行域分析

图 5.9 显示了球锥角为 $\theta = \pi/3$ 和 $\theta = 2\pi/3$ 时正六边形布局策略的可行域分析。与正三边形布局和正四边形布局策略类似,几何约束和定位可靠性约束确定了边长的上界。但是,定位精度约束的影响取决于被要求的定位精度分辨率的界限 K_0 的取值。根据 5.2.1 节关于定位精度的考虑,当 $K_0 \geqslant K_2(C_h)$,定位精度约束在边长 l_6 设定了一个下界 l_{p6},该布局的解为 $l_6^* = \min(l_{g6}, l_{r6})$。当 $K_0 < K_2(C_h)$,定位精度约束在边长 l_6 设定了一个上界 l_{p6}。同样的,因为对于相同的定位传感器布局高度来说 $l_{p6} < l_{g6}$ 和 $l_{p6} < l_{r6}$,$l_{p6}^* = l_{r6}^*$。同样对于 l_{p4},可靠性约束上界 l_{r6} 首先发生于 $\min(l_{r6_0}, l_{r6_1})$,然后发生于 l'_{g6}。在 l_{pn} 和 l_{rn} 与 $C_6 h_n$ 相交的地方指示出了传感器布局高度系数,正如图 5.7 和图 5.8 所示,当 $C_h \geqslant C_0 h_n$,布局绩效要求对于最佳传感器布局边长 l_n^* 有显著的影响,反之没有影响。

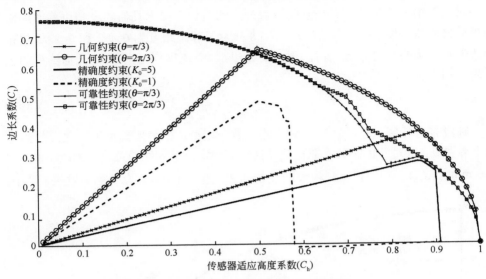

图 5.9　正六边形布局策略的可行域分析

一般而言，定位精度分辨率降低了最佳边长系数且和具体取值有关。但是，对于定位可靠性的影响和对于布局策略的影响有所不同。对于正三边形和正四边形的布局策略而言，在同样的高度系数下，受到定位可靠性约束限制的最佳边长系数要远低于未受到定位可靠性约束限制时的边长系数。这表明如果我们设计正三边形和正四边形布局策略下传感器布局时没有考虑定位可靠性，定位的可靠性将被大大降低，甚至于全部区域都不能提供具有合理定位可靠性的定位服务。即使由于应用环境的约束，传感器的布局高度不能调整，在正三边布局策略和正四边形布局策略中，考虑定位可靠性将会导致最佳边长分别降低大约 14% 和 10%，最终要求分别多布局 27% 和 18% 的定位传感器。但是，对于正六边形布局策略而言，考虑定位可靠性并不能使得最佳边长有额外的减少。

5.4.2　覆盖面积比较

为了公平地比较不同布局模式下传感器的布局绩效，有必要找到不同布局模式下每个传感器在满足服务要求下的覆盖区域，因此，我们定义了传感器覆盖系数 C_{cn}，它能度量每个传感器在满足服务要求下的覆盖面积：

$$C_{cn} = \frac{S_n}{\tau_n R^2} \qquad (5.60)$$

S_n 是在一个 n 角布局单元的有效的覆盖区域。τ_n 是在一个 n 角的模式下每个布局单元的传感器的平均数量，它考虑了在不同布局策略下的传感器的共享问题。举一个例子，在三角形布局中，如在图 5.2 中，每一个布局单元含有三个传感器，但是每个传感器能被六个布局单元共享，因此 $\tau_3 = 1/2$。同样的，$\tau_4 = 1$，$\tau_6 = 2$。

图 5.10 显示了锥角为 $\theta = \pi/3$ 的覆盖系数的对比。当定位精确度比较高时，举个例子，$k_0 = l_2$，对于低高度应用（$C_h \leqslant 0.73$），正三边形布局策略比正四边形和正六边形布局策略要好，通过改变传感器布局策略能够减少 21% 的传感器数量。对于高度应用，即 $C_h \leqslant 0.9$，正三边形布局无效，正六边形布局要比正四边形布局策略好。当精度边界很低即 $k_0 \leqslant 5$，正三边形布和正四边形布局都无效，只有正六边形布局策略可行。

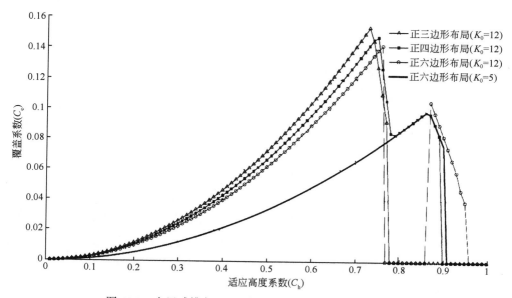

图 5.10　布局球锥角 $\theta = \pi/3$ 的定位传感器的覆盖系数比较

图 5.11 显示了锥角为 $\theta = 2\pi/3$ 的覆盖系数的对比。结果与图 5.10 类似。在高定位精度约束的情况下，即 $k_0 = 3$，如果应用高度很低（$C_h \leqslant 0.44$），正三边形布局策略的绩效要比正四边形布局策略差。如果应用高度一般（$C_h \in (0.44, 0.7)$），正四边形和正六边形布局策略更好，通过改变传感器布局能够减少 18% 的传感器数量。对于高度（$C_h > 0.7$），正三边形和正四边形布局策略都无效，只有正六边形布局策略可行。

5.4.3　考虑传感器高度的设计

从图 5.7 与图 5.8 中可以看出，针对某一具体的布局模式，随着传感器布局高度系数的逐渐增加，布局单元的最优边长呈现先上升后下降的趋势。从覆盖系数的比较结果中，我们发现，当传感器布局高度给定，基于传感器自身特征和实际应用的要求，我们可以很容易地识别出最佳的布局模式。然而，如果我们将其与

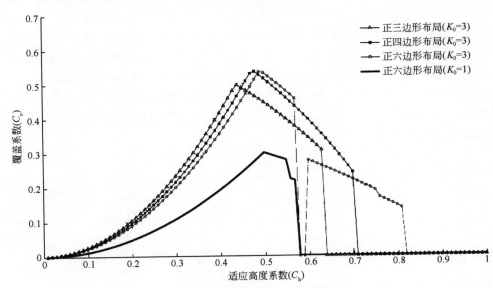

图 5.11　布局球为锥角 $\theta=2\pi/3$ 的传感器时的覆盖系数比较

IPS 相结合，基于应用中的环境高度 H 和传感器覆盖系数，设定出最佳的传感器布局高度 h^* 也是可能的。就每一种布局模式而言，当 I_{gn} 与 I_{tn} 相交时，对于任一传感器高度，总会存在一个与最大边长 I_n^* 相关的最佳的不受限制的高度系数。在 5.1 节里，我们将这个最佳的不受限制的高度系数定义为 C_{hn}^0。当 $C_{hn}^0 R < H$ 时，显然设定 $h^* = C_{hn}^0 R$ 来实现覆盖系数的最大化；当 $C_{hn}^0 R \geqslant H$，因为 C_{cn} 在 $h \in [0,H]$ 是传感器高度的一个增函数，所以最佳高度 $h^* = H$。得出结论，对于任意一种布局模式，最佳的传感器的布局高度 $h^* = \min(C_{cn}R, H)$ $h^* = \min(C_{cn}R, H)$。

5.5　本 章 小 结

　　本章着重研究不确定感应条件下传感器的布局策略问题，即根据传感器的参数，在满足一定的定位服务需求（定位服务的精度与可靠性等）的条件下，开发了一个简单实用的最优化模型去寻找最佳的传感器布局策略来最小化传感器数目或者成本。对于三种常见的规则布局策略：正三边形布局策略、正四边形布局策略、正六边形布局策略，本章所提的方法能够根据不同的定位服务精度和定位可靠性水平的要求，不断调整传感器的布局高度和应用程序。我们把各种布局模式下的覆盖情况和定位传感器自身的特性，包括球锥角的大小、最大感应距离等联系起来并建立关系。同时，我们通过选定定位服务精度和定位可靠性水平来分析定位服务要求对定位传感器布局策略的影响。研究结果表面，正三边形布局策略、正四边形布局策略和低定位服务精度要求下的正六边形布局策略的最优边长由几何约束和定位可靠性约束决定，其中几何约束对布局边长确定了一个上界，而定位可靠性约束对布局边长确定了一个下界，而且只有当两个约束确定的上界和下界之间存在间隙时并且在符合定位服务精度要求时，布局模式才会有效。定位可靠性的考虑使原来正三边形和正四边形的布局策略的性能分别下降了 27%和 18%。使用原先的设计而不考虑可靠性，意味着对于所有的感应区域都不能在合理的定位可靠性水平下被识别。然而，当对高定位精度服务下的正六边形布局策略，最优的传感器布局边长存在一个由定位精确度约束决定的上界限制。当传感器的高度比特定的阈值高时，引入定位性能要求能显著地减少最优的布局边长。通过三种布局策略的比较，我们得出当对定位精确度要求低的时候，正三边形布局要优于正四边形和正六边形布局策略；当定位精度要求高时，只有正六边形布局策略是可行的。通过比较不同的布局策略，我们发现在传感器数量上减少 18%是可行的。这项研究为定位服务在实际运用中提高定位精度和定位可靠度提供了指导。

理论价值主要体现在如下几个方面：

（1）最先把不确定感应考虑到准三维的传感器布局问题当中，并证实其在正三边形布局策略和正四边形策略以及低定位精度要求下的正六边形布局策略中影响显著，但是对高定位精度要求下的正六边形布局策略没有影响。

（2）从信息处理理论和组合数学理论出发，构建了定位服务的可靠性模型。

（3）通过可行域分析和巧妙的数学处理对非线性且非凸的传感器布局模型进行分析，分别获得了三种布局策略对定位服务要求的解析表达式。

本章的学术创新点如下：

（4）研究了一个新型的传感器布局问题，即布局方向性传感器在正确的适应高度和位置在满足定位服务要求的前提下来最小化布局成本。

（5）开发了以简单实用的优化模型来决策最优规则布局策略而不是传统的随机布局策略，有效避免大型计算问题。

（6）在传统布局策略的基础上，考虑了不确定感应以及定位可靠性对布局策略的影响。

由于这项研究在定位可靠性的方式上十分复杂，人们可能会说，我们通过降低传感器的感应距离来增强定位可靠性，进而降低成本是不重要的。然而，缩短传感器之间的距离，增加传感器的数量是需要对单个广播信号作出安排设计的。这势必会因为信号的重叠而增加提供定位服务的周期时间。当目标在每个周期内都处于同一种结构时是很容易进行定位的。但是，当传感器之间的距离大幅缩短时就会导致定位的失败，并且在同一时间会导致对软件更好性能的要求，降低了动态定位的性能。本章中加入的定位可靠性分析表明，最短的传感器之间的距离应该降低。

　　类似于传统的传感器布局研究，定位传感器通常都是沿着地面垂直朝下放置。然而，在具体情况下，将其放在靠近边界或者比较低的高度上，就覆盖面积而言，改变定位传感器的方向将具有优势。更进一步来说，由于对移动物体三维定位的要求，如何将可行域研究方法运用到三维研究中也是值得进一步研究的。

第6章 定位传感器布局方向对定位传感器布局策略的影响研究

6.1 导　言

相对于其他传感技术，如电磁、无线射频技术、激光、红外线等，超声波是一种具有成本效益、较为精确和可靠的定位技术（Dai et al.，2009）。目前，超声波定位系统（UPS）已经吸引了大量的关注，近年来，该项技术在工厂、仓库、机场、商场、医院、水下等进行定位和跟踪自动化对象中得到广泛的应用（Datta et al.，2008；Lee and Dai，2011；Dai and Lee，2012）。一个设计优良的 UPS 在应用环境中用来提高效率和效益是必不可少的，其中设计 UPS 的一个关键问题是定位传感器的布局。如果布局太少的定位传感器，某些区域不能被覆盖则无法达到定位服务要求；然而，如果布局太多的定位传感器，成本会非常高，并且每一个目标将通过众多定位传感器覆盖，由于一般采用顺序发射信号，动态定位时估计每个目标产生的延迟时间会非常大，因而研究定位传感器的布局策略对于在 UPS 中决策正确的基站数量和正确的位置有重要的价值。

基于传感器的特性，如感应距离、感应角度和感应范围，传感器布局以成本最小化、高覆盖率和满足定位服务要求为目标。传感器特性由传感器布局最佳高度和布局模式组成。根据布局模式，有三种常用的规则布局策略：正三边形布局策略、正四边形布局策略、正六边形布局策略，这些策略确定了一个基本布局结构的模式和尺寸。现有文献仅限于定位传感器的垂直向下布局，即以一定的定位传感器高度水平向下布局来覆盖目标的移动平面。然而，通过扩大定位传感器的布局方向，不同布局策略之间的优劣和与之相关的改善状况尚不清楚。定位传感器的感应区域可以视为对大规模定位传感器布局问题时基本布局结构的扩展。另外一种常用的布局方法为无规则布局，属于直接收集优化的单元结构或者采用有规则布局，这种布局方式牺牲了一些覆盖面积来构建统一的网络来节省定位传感器部署成本。这两种布局策略的优劣尚不清楚。本书致力于提供一个框架来考虑定位服务质量，研究可变布局角度对规则布局和非规则布局策略的影响。通过有规则和无规则的定位传感器布局，比较上述提到的三种常用的布局模式。已有大量文献研究过传感器布局问题。其中最为人所知的例子是艺术馆问题（O'Rourke，1987），即研究如何采用最少的监视器来全方位监视美术馆内部。另一个较为广泛研究的问题是无线传感器网络的部署（WBNS）问题，通常以每一个定位传感器侦测的监视范围的增加为主要目标。一份极好的 WBNS 布局技术的综述在 Younis 和 Akkaya（2008）的研究中被提出。以上两个问题最主要的关注点在于侦测目标和侦测结果。本书提出的问题与他们的研究有两个显著区别：超声波定位传感器并不是全方向的，因此传感器会存在一个无法侦测的感应角度；本书关注定位而不是目标的侦测，这意味着每一个目标都可以被多个传感器发现，而不仅仅被一个传感器发现。因此，需要联合考虑定位估计方法的特性。目前主要存在两种定位方法：一种是基于三角测量，即根据参考点，通过传感器来测量目标相对传感器的角度，然后基于多个测量角度和传感器的位置来估计目标的位置；另外一种方法是基于三边测量和多边测量法，即根据目标和多个传感器之间的距离和传感器本身的位置来估计目标的位置。利用基于距离测量方式一般具有较高的准确度，因此多边测量定位法在实践中被广泛研究和实践（Roa et al.，2007），如在全球定位系统（GPS）中的应用。

本章研究中的 UPS 是基于多维距离测量原理，定位性能取决于测量距离、测量距离的次数和处理这些测量距离的定位算法的有效性和不确定性。对于超声波定位传感器，信号强度是定位目标和定位传感器之间的距离的函数，事实上，由于信号在空气中传播的时候存在衰减，同时一般周围环境存在噪声，而信号只有在一定的强度下才能被检测到，因此信号的检测即距离测量是不可靠的，一般用感应概率来衡量（Dhillon and Iyengar，2002；Dhillon and Chakrabarty，2003；Clouqueur et al.，2003）。由于声压级（SPL）存在随机噪声中，本章考虑目标侦测存在概率的特性更贴近实际。在实际应用中，准三维的定位传感器布局是最常见的，其中，定位传感器一般布局在目标移动平面的上面，他们之间的相对高度可以用布局高度来表示。大多数现有的文献只集中在定位传感器垂直向下布局（Isler，2006；Tekdas and ISler，2007；Laguna et al.，2009）。定位传感器的位置可能是随机的或规则的。随机位置通常是难以解决的，尤其是对于较大规模的布局环境（Laguna et al.，2009）。最近，针对小规模应用，一种遗传算法被提出来研究随机布局问题（Galetto and Pralio，2010）。此外，从合格覆盖区域的定位准确性和定位精确性的角度对定位传感器的布局进行了研究，通过规则布局和随机布局相同数量的定位传感器，发现随机布局优于规则布局，但是，正三边形和正四边形布局策略和随机布局的差异不超过 20%（Roa et al.，2007）。此外，对于较大规模的应用问题，如在水下应用，规则布局的优点则更显著，特别是能有效规避大规模的计算问题。这促使我们研究准三维环境下的定位传感器规则布局策略问题。在以前的研究中（Dai et al.，2013a）研究垂直向下的规则布局策略，然而在临近边界的区域，改变定位传感器的方向有可能节省定位传感器数目，此外，市场上定位传感器一般都是方向传感器，即一般有最大感应角度，如 π/3。当定位传感器的布局高度偏低时，以接近零的定位传感器高度为例，垂直向下布局的感应区域几乎为零。但是，如果我们可以改变定位传感器的布局方向，它仍然可以得到一些感应区域。这意味着定位传感器的布局可以通过改变定位传感器方向得到改善。本章致力于研究不同布局高度下定位传感器的布局方向对布局性能的影响。最优定位传感器布局策略和传感器的容差有关，在 90%容差条件下，最优传感器布局策略受到与传感器布局高度有关的阈值的影响。关键传感器布局高度阈值影响着非规则非垂直向下布局的性能和规则垂直向下布局的性能以及两种布局策略的选择。除此之外，本章研究了通过集群发射器来扩大定位传感器的最大感应角度的潜在优势，从而使每种布局模式下的传感器拥有更大的感应角度。

　　本章结构如下：第二节介绍定位传感器布局方法和布局问题的模型推导过程；第三节介绍传感器布局策略以及集群传感器的潜在优势；第四节展示了本章的结论。

6.2　布局方法和问题陈述

在这一章节，介绍传感器布局问题和该问题的模型推导。

6.2.1　超声波技术测距

超声波技术测距的机制通常可以描述为：发射器发射无线电频率，同时广播超声波；接收器接收信号并记录它们的到达时间；发射器和接收器之间的距离估计，即到达时间的差距乘以周围环境中预估的超声波速度。根据 Shirley（1989），超声波只能在信号接收器接收的信号强度大于固定的阈值时才能被成功检测，而超声波的强度随着传播距离的增加而减少，主要由于传播损耗、空气吸收和衰减等因素。因此，超声波的感应范围是由最大传播距离决定的，此时的信号强度等于预先确定的阈值。如图 6.1 所示，考虑一个现实的超声波信号发射器的辐射图，发射器的最大信号强度在传感器表面的法线方向；随着偏离法线的倾斜角度的增加，信号强度逐渐减弱，所以，传感器的感应范围也随之减少。

　　比如，当倾斜角度从 0°增加到 45°时，感应范围从 8m 下降至 4m，更重要的是，当存在更大倾斜角度时，在感应区域中存在旁瓣现象。一般来说，鉴于预估的超声波速度、超声波测距的敏感性和准确性主要依赖于到达时间估计，而对到达时间的估计最终是由接收机检测的信号强度决定的。当采用多个接收器集群时可以实现全方位接收模式，此时，接收器布局的影响可以忽略，测距性能只受接收器信号强度的影响。在实践中，超声波可以到达非直线可视范围的接收器。然

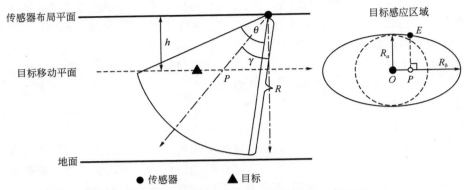

图 6.1　定位传感器的非垂直向下（NPP）布局方法

而，这些影响可以通过选择具有恰当感应范围的定位传感器和位置估计算法来降至最低，因为目标在每个定位周期内只能移动很小的距离。因此，测距性能主要受传播距离和传感器表面法线方向的倾斜角度的影响。为了分析它们的影响情况，在香港科技大学实验室我们进行了实验研究。首先，我们研究了传播距离的影响，然后我们测量了 17 个地方的传播时间，这 17 个地方在传感器表面的法线方向以 0.5m 的距离均匀分布。通过回归分析，我们发现传播时间是传播距离的一个线性函数，其中 $R^2=1$。这表明利用传播时间来估计传播距离的方法非常可靠。传播时间的标准偏差决定了超声波测距的精度。我们发现，平均测距精度为 6.31mm，测距精度与传播距离几乎是独立的。此外，我们检查了在不同倾斜角度，如 15°、30°、45° 和 60° 时传播距离和传播时间之间的关系；我们发现它们仍然能拟合同样的线性函数，因此，我们将测距精度作为随机项进行以下的推导。这种假设也在现有文献中得到应用（Laguna et al.，2009；Galetto and Pralio，2010；Dai et al.，2013a）。同时，也从测量的有效性来研究传播距离的影响，发现随着距离的增加，感应信号的有效性降低。这种影响与考虑不确定感应的情况类似（Dai et al.，2013a）。

超声定位波传感器具有方向性，如图 6.1 所示，在现有文献中（Ray and Mahajan，2002；Roa et al.，2007； Laguna et al.，2009；Dai et al.，2013a），传统意义上，它的感应区域可以由一个有限感应范围 R 和最大感应角度 θ 的锥球来刻画。我们一致认为，定位传感器的感应范围的充分利用可以改善定位传感器布局的性能，如同利用更大范围的有效覆盖面积来覆盖目标的移动平面。然而，同传统的感应范围相比，这种感应区域的刻画模式还存在很多问题：

（1）真实感应范围通常具有复杂的几何结构，可能需要几百个参数来真实刻画感应范围，然而，传统意义上感应范围模型只需要两个参数，因而，真实感应范围模型的利用常使定位传感器布局问题过于复杂而难以解决。

（2）真实感应范围更加注重定义实际感应范围，且每个传感器的真实感应范围均存在差异；如果每个感应区域定义得不够精确，则在目标移动平面上更容易产生未覆盖区域。

（3）根据 Dai 等（2013a），使用真实感应范围模型带来的改善程度是有限的，定位传感器布局的效应是由拥有很大传播距离的传统感应范围决定的。然而，在核心区域，在两个具有代表性的感应范围之间感应能力的差异是有限的。

考虑到以上因素，本章采用传统的感应范围模型。

6.2.2　定位传感器的布局策略

在所有类型的超声波定位系统 UPS 中，自动化的目标在平面上水平移动，定位传感器在目标移动平面上方以一定布局高度被安放在 xy-平面上，其追踪目标的方式如图 6.1 所示。一般而言，θ 不会超过 π 弧度。定位传感器布局就在于放置这些感应角度使得每个定位传感器拥有最大的有效覆盖区域，每个定位传感器的感应区域在目标移动平面上大量重叠后形成定位服务区域，并且满足某些服务要求，如定位准确性、定位精确性和定位可靠性。根据定位传感器位置布局，如图 6.1 所示，存在两种类型的定位传感器的布局方法：一种是垂直向下（PP）布局方法，即定位传感器朝目标移动平面正向下布局，其 $\gamma = 0$；另外一种是非垂直向下（NPP）布局方法，其 $\gamma > 0$。在非垂直向下布局方法中，当 $\gamma \in (0, \theta/2)$，感应区域的有效性显然小于 $\gamma = \theta/2$ 的情况，此时只有左边的感应区域有效，因此我们只需要考虑 $\gamma \geq \theta/2$ 的情况。由于感应区域是使用目标移动的平面来切割感应角度，显然，拥有最大的感应区域最优的定位传感器方向是 $\gamma = \pi/2$。当高度为 0 时，尽管 $\gamma = \pi/2$ 的布局意味着在目标移动平面放置的定位传感器具有最大的感应区域，仍然存在一些致命的缺点：

（1）当存在多个目标时，一个目标会阻碍信号传播，使得其他目标的位置无法获取，更严重的是，目标可能反射信号，使得定位发生错误。

当所有的信号在同一平面时，信号干预会导致定位失败。

（2）定位传感器基站限制了目标移动。

为了使超声波定位系统 UPS 具有可操作性，定位传感器一般建议以一定的布局高度放置在目标移动平面上方。因而，潜在可行的感应区域在于 $\gamma \in (\theta/2, \pi/2)$，最优的定位传感器布局依赖定位传感器的布局高度。

在非垂直向下 NPP 布局方法中，当定位传感器的布局高度 $h \leq R\cos(\gamma + \theta/2)$，目标运动区域中的感应面积是一个椭圆。大小半径分别用 R_b 和 R_a 表示。在图 6.1 中，通过几何计算，$R_b = h(\tan(\gamma + \theta/2) - \tan(\gamma - \theta/2))/2$。以坐标系原点为椭圆中心，主要坐标轴在 X 轴，椭圆上的点坐标是 $x_E = R_b - h\tan\gamma - h\tan(\theta/2 - \gamma)$，$y_E = h\tan\theta/2$，短半径 $R_a = R_b y_E / \sqrt{R_b{}^2 - x_E{}^2}$。

当 $h < R\cos(\gamma + \theta/2)$ ，由于目标感应区域小于 $h = R\cos(\gamma + \theta/2)$ ，因而，我们只需要关注 $h \geqslant R\cos(\gamma + \theta/2)$ 区域即可，在这一感应区域的边界是一个椭圆和一个圆。

除了定位传感器的布局位置和布局方法外，决定布局策略的另一个重要因素是布局模式，简单地说，就是定位传感器布局单元的几何结构，如图 6.2 所示，存在 3 种最基本规则布局模式，正三边形布局、正四边形布局和正六边形布局。对于有 n 条边的布局结构，多边形的边长、边长系数和定位传感器的布局方向分别为 l_n ， $C_{ln} = l_n / R$ 和 γ_n ，定位传感器问题就是为一定高度的定位传感器确定最优的 (C_{ln}, γ_n) ，然后从单个定位传感器覆盖面积和总成本的角度确定最优的定位传感器布局结构图。

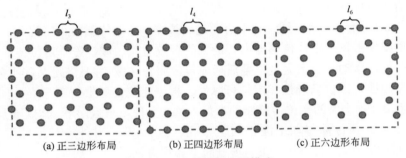

(a) 正三边形布局　　　　　(b) 正四边形布局　　　　　(c) 正六边形布局

图 6.2　典型规则布局模式

Dai 等（2013a）的研究表明定位传感器感应角度对定位传感器布局影响显著，因此，在同一位置以恰当的方向布局多个定位传感器，以增加该基站的最大感应角度和感应区域，这种集群技术被称为连续集群。如图 6.3 所示，基本上有两种类型的传感器集群形式，图中的虚线圆表示对应于聚集感应角度的等效感应区域，另外一种传感器集群形式为离散集群。

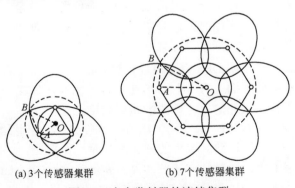

(a) 3个传感器集群　　　　　　(b) 7个传感器集群

图 6.3　多个发射器的连续集群

在传感器连续集群中虚线圆越大，则基站的最大感应角度越大。在△AOB 中，有 n_0 个集群传感器，$\|AO\| = R_b - h\tan(\theta/2 - \gamma)$，且 $\angle AOB = \pi/n_1$，n_1 是虚线圆穿过的传感器个数，椭圆和线 BO 间存在两个相互交叉区域，交点分别为 B_1 和 B_2，交点 B_1 的坐标为：

$$(x_{B_1} = \frac{-b_m - \sqrt{b_m{}^2 - 4a_m c_m}}{2a_m}, y_{B_1} = -\tan\frac{\pi}{n_1}(x_{B_1} - \|AO\|)) \tag{6.1}$$

交点 B_2 的坐标为：

$$(x_{B_2} = \frac{-b_m + \sqrt{b_m{}^2 - 4a_m c_m}}{2a_m}, y_{B_2} = -\tan\frac{\pi}{n_1}(x_{B_2} - \|AO\|)) \tag{6.2}$$

式中，$a_m = \frac{1}{R_b^2} + \tan^2\frac{\pi}{n_1}/R_a^2$，$b_m = -2\|AO\|\tan^2\frac{\pi}{n_1}/R_a^2$，$c_m = \tan\tan^2\frac{\pi}{n_1}\|AO\|^2/R_a^2 - 1$。

在覆盖区域的交叉中，有必要保证第二部分的交叉区域落在中心圆中，这种情况可以用 $\sqrt{(x_{B_2} - \|AO\|)^2 + y^2{}_{B_2}} \leqslant h\tan(\theta/2)$ 表示。因此，集群传感器的最大感应角度可以从等效的感应区域中优化出来：

$$\theta_c = \max_\gamma 2\arctan(\frac{\sqrt{(x_{B_1} - \|AO\|)^2 + y^2{}_{B_1}}}{h}) \tag{6.3}$$

$$\text{st.} \sqrt{(x_{B_2} - \|AO\|)^2 + y^2{}_{B_2}} \leqslant h\tan(\theta/2)$$

在传感器连续集群中，在同一位置安置相邻的传感器十分关键。在这种情况下，由于相邻的传感器存在重叠区域，如果布局位置没有重合在同一位置，两个传感器的信号之间很容易出现信号的干涉从而影响信号强度，导致错误的距离测量数据。

根据 Dai 等（2013a），定位传感器布局的性能由感应区域的边界确定。由于，大多数集群传感器的感应区域的边界都没有信号的干扰，因此，集群后的定位传感器可以被视为拥有更大感应角度的定位传感器基站。然而，如果传感器布局不合理，如当两个相邻传感器的传输距离差等于半波长的奇数倍时，信号干扰将减少重叠感应区域的信号强度，从而导致部分区域成为盲区。

在实践中，由于定位传感器基站的成本明显大于该传感器本身的成本，因此可以在相同的位置布局多个定位传感器，以扩大每个基站的感应区域，以此节省基站成本，这种集群被称为离散集群。图 6.4 是 3 个传感器下的离散集群的示意图。离散集群的概念是在同一位置以相同布局角度 γ 均匀地放置多个定位传感器。

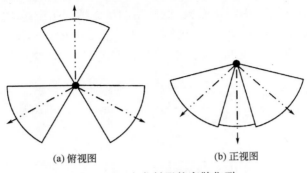

(a) 俯视图　　　　　　　　　　(b) 正视图

图 6.4　3 个发射器的离散集群

6.2.3　定位方法

三边测量技术通过参数估计来确定目标的坐标，主要是通过测量目标到达一组已知参考点的距离，如到定位传感器的距离，然后通过参数估计来确定目标的坐标。通常情况下，在三维空间定位时至少需要三个定位传感器。最小二乘法估计法（LS）和极大似然估计法（ML）是参数估计时的最常用方法。极大似然估计法需要进行函数的最大化，此时要求海森矩阵的正定性。然而，估计的数值并不能保证海森矩阵的正定性，所以本章采用最小二乘法来估计目标的位置。

在一个三维空间里，令目标的坐标为 $p = (x, y, 0)$，定位传感器 i 的位置为 $s_i = (x_i, y_i, h)$，从定位传感器 i 到目标 P 的测算距离为 r_i，有 $r_i = \|p, s_i\| + v_i$，$i = 1, 2, \cdots, m$，m 为侦测到的信号数量，V_i 是测量噪声服从零均值的高斯分布，其标准差为 σ（Kolodziej and Hjelm，2006）。本章采用迭代法来估计目标的坐标，$\hat{p}_j$ 表示第 j 次迭代的位置估计值。根据泰勒展开，测量距离的近似值为：

$$r = \|p - s\| + v \approx \|p_j - s\| + J_j \|p - \hat{p}_j\| + V \tag{6.4}$$

式中，J_j 是第 j 次迭代的雅可比矩阵，且有：

$$J_j = \begin{bmatrix} \dfrac{x - x_1}{\|p - s_1\|} & \dfrac{y - y_1}{\|p - s_1\|} \\ \vdots & \vdots \\ \dfrac{x - x_m}{\|p - s_m\|} & \dfrac{y - y_m}{\|p - s_m\|} \end{bmatrix}_{p = \hat{p}_i} \tag{6.5}$$

以上可视为对 $p - \hat{p}_j$ 的最小二乘线性估计，观测值为 $r - \|\hat{p}_j - s\|$；直到估值满足（Kolodziej and Hjelm，2006）中提到的停止条件，才停止迭代，从而得到目标的位置估计值。

$$\hat{p}_{j+1} - \hat{p}_j = (J_j^{\mathrm{T}} V^{-1} J_j)^{-1} J_j^{\mathrm{T}} V^{-1} (r - \|\hat{p}_j - s\|) \tag{6.6}$$

式中，N 代表最后的迭代次数，$\hat{p}_N$ 是雅可比矩阵 J_N 对 P 的最后估计。

6.2.4　定位性能

对目标 p 来说，定位的精度由估算结果来决定。在室内定位系统中定位精度非常重要，尤其是当感应区域存在障碍时，如果室内定位系统不能提供关于障碍物的准确位置信息，服务目标可能会与某些障碍或其他目标相撞。因此，在这项研究中必须考虑定位精度。超声波定位系统 UPS 的定位精度由系统决定，它同时被命名为系统误差，系统误差表示估计位置和真实位置之间的一致性，衡量公式为：

$$A(p) = \left\| E[(\hat{p} - p)] \right\| \tag{6.7}$$

衡量定位精度位置估计时的反复性和重复性。它反映了两个连续估计值之间的偏离程度。估计的定位精度是最近估计值的均方误差，近似为 $\hat{p}_{N+1} - \hat{p} = (J^T V^{-1} J)^{-1} J^T V^{-1} V$。定位精度的最后一次迭代的均方误差为：

$$E[(\hat{p}_{N+1} - \hat{p})(\hat{p}_{N+1} - \hat{p})] = \left| (J^T V^{-1} J)^{-1} \right| \tag{6.8}$$

均方误差值与测量噪声和传感器的布局模式有关。既然距离测算噪声由传感器特征和外部环境决定，因而，我们用定位误差与距离测量噪声的比例 $k(p)$ 来测算定位精度，近似于：

$$K(p) = \sqrt{\frac{1}{|J^T J|}} \tag{6.9}$$

在室内定位系统中，当超声波的声压级 SPL 和环境噪声大于一个固定阈值时，信号将被成功侦测。根据 Massa（1999），感应距离为 r 时的声压级 SPL 为：

$$\text{SPL}(r) = \text{SPL}(r_0) - 20\log_{10}(r/r_0) - \alpha(f)(r - r_0) \tag{6.10}$$

式中，$\text{SPL}(r_0)$ 是参照距离为 r_0 时的声压级，通常为 0.3 米。第二项是表面扩张带来的传播损失。最后一项表示空气吸收造成的信号衰减。$\alpha(f)$ 是以分贝每米为单位表示的衰减系数，而 f 是以千赫兹为单位的超声波频率。由于空气吸收导致的声压级损失占比较大，所以考虑空气吸收带来的损失值对于判断传感器的最大感应范围有重要作用。超声波的衰减在空气中随频率增大而被放大。根据 Massa（1999），衰减系数由下式给定：

$$\alpha(f) = \begin{cases} 0.0328f & 20\text{kHz} < f \leqslant 50\text{kHz} \\ 0.0722f - 1.9685 & 50\text{kHz} < f < 300\text{kHz} \end{cases} \tag{6.11}$$

根据热力学、扰动和多次反射等理论，在信号检测中有一个独立的来自外部环境的干扰噪声。假设干扰噪声的声压级 ε 服从正态分布 $N(\mu, \sigma^2)$。需要指出的是，将定位传感器和目标物之间的距离和来自环境中的独立噪声结合起来的假设在文献中被广泛应用（Dhillon and Iyengar，2002；Dhillon and Chakrabarty，2003）。此外，噪声的能量通过对数转换为声压级，并在统计学上诱发一些正态随机变量。因此，距离定位传感器 r 的总的信号声压级可由下式得到：

$$T_{SPL} = SPL(r) + \varepsilon \qquad (6.12)$$

根据信号处理理论，当总的声压级 SPL 大于某个固定的阈值时，接收器能够侦查到信号并且可以获得距离测算数据。在实际的超声波测距系统中，具体的阈值 SPL$_{min}$ 是可供选择的，因而最大的感应范围 R 是由阈值决定的。因此，当移动目标位于某定位传感器的感应区域内时，成功侦测目标或者成功获得测量距离的可能性为：

$$\Pr(r) = \Pr(T_{SPL}(r) > S_{PL\min}) = 1 - \Phi\left(\frac{S_{PL\min} - S_{PL(r)} - \mu}{\sigma_N}\right) \qquad (6.13)$$

式中，$\Phi(\ )$ 是标准正态随机变量的累计分布函数。从三维空间角度来看，要求至少有 $k = 3$ 的信号数。

接收器可能收到的信号个数大于 k 个。在超声波定位系统 UPS 中，定位传感器传播的信号相互独立。因此，定位的可靠程度可以用 m-out-of-k 系统来描述。根据 Boland 和 Proschan（1983），使用最小路径方法，在至少存在 k 个信号的前提下，定位目标物的可靠性为：

$$\mathrm{Re}(k,m) = \sum_{i=k}^{m} (-1)^{i-k} \binom{i-1}{k-1} \sum_{j_1 < j_2 < \cdots < j_i} \prod_{l=1}^{i} \Pr(r_{jl}) \qquad (6.14)$$

式中，$\Pr(r_{jl})$ 代表由定位传感器 j_l 成功探测到信号的概率。在这个等式中，对于每一个固定的 i 值，内部求和算出一个概率，无论其他 $m - i$ 的信号是否被感应，共 i 个信号已被成功地检测到。当 $k = m$ 时，系统的定位可靠性转变为一个串联系统的可靠性问题，可以将其简化为：

$$\mathrm{Re}(m,m) = \prod_{i=1}^{m} \Pr(r_i) \qquad (6.15)$$

由此可见，目标的定位可靠性依赖于覆盖目标的定位传感器的数量和目标与这些定位传感器之间的距离。

6.2.5　问题推论

在确定性的规则布局模式中，每个布局单元能够提供一个具有一定几何形状的合格定位服务覆盖区域，大规模的传感器布局可以视为多个布局单位重复布局的问题。由于每个单元的合格定位服务覆盖区域是相同的，通过布局多个布局单元来覆盖的目标移动平面时，会导致相邻布局单元的合格定位服务的覆盖区域存在交叉。此外，在超声波定位系统 UPS 中，每个布局单元中的传感器必须依次进行信号广播以避免信号干涉；在不同的单元中，对定位性能的估计是独立的。因此，对于具有 n 条边的规则布局策略，这个问题简化为在每一个布局单元的合格定位服务覆盖范围内找到一个最大的正 n 边形，它的边长用 l'_n 表示。

通常情况下，令定位传感器多边形的中心是 $(0,0,H)$，对于给定的边长为 l_n 和布局高度为 h 的定位传感器，传感器 i 的坐标为：

$$s_i = (x_i = \frac{l_n \cos(2i-1)\pi / n - \pi / 2}{2\sin(\pi / n)}, y_i = \frac{l_n \sin(2i-1)\pi / n - \pi / 2}{2\sin(\pi / n)}, h)$$

所有定位传感器中心线交叉点的坐标为 $s_0 = (0,0,h(1-\tan\gamma_n))$，$\gamma_n$ 为定位传感器的布局方向。由于对称性，覆盖的多边形的面积依赖于距离 d_0 和 d_1，d_0 和 d_1 分别代表从定位传感器的多边形中心在定位传感器的合格定位服务覆盖区域内在垂直方向偏离中心的最大距离：

$$\max l'_n = \min(2d_0 \sin(\pi / n), 2d_1 \tan(\pi / n)) \tag{6.16}$$

$$\text{st.} \quad \xi_i((s_0 - s_i)(p - s_i) - \|s_0 - s_i\|\|p - s_i\|\cos(\theta / 2)) \geq 0 \tag{6.17}$$

$$\xi_i(\|p - s_i\| - R) \leq 0 \tag{6.18}$$

$$\sum_{i=1}^{n} \xi_i \geq k \tag{6.19}$$

$$\beta(k(p) - k_0) \leq 0 \tag{6.20}$$

$$\beta(A(p) - A_0) \leq 0 \tag{6.21}$$

$$\text{Re}l(p) = \text{Re}(k, \sum_{i=1}^{n} \xi_i) \tag{6.22}$$

$$\beta(\text{Re}l(p) - \text{Re}l_0) \geq 0 \tag{6.23}$$

$$d_0 = \max \sqrt{1 + \tan^2(\pi / 2 - \pi / n)}\beta x \tag{6.24}$$

$$d_1 = \max \sqrt{1 + \tan^2(\pi / 2 - 2\pi / n)}\beta x \tag{6.25}$$

$$\beta, \xi_i \in \{0,1\}, p = (x,y,0)$$

本问题的目标是，在不同的定位传感器的规则布局模式下，$n = 3,4,6$ 时和 3 个应用要求的限制下，最大化合格定位服务覆盖范围内多边形的边长。式（6.17）～式（6.19）确保目标 p 由至少 k 个的定位传感器以几何的方式覆盖。式（6.20）～式（6.21）确保在点 p 处的定位精确性和定位的准确性分别低于临界值 k_0 和 A_0。式（6.22）计算 p 处的定位的可靠性并且在式（6.23）中确保它大于临界值 $\text{Re}l_0$。式（6.24）～式（6.25）计算从合格定位服务多边形区域的中心在两个方向上的最大偏离距离。由于对称性，该区域的覆盖范围将受到以上两个距离的限制，它们的关系被定义在目标函数中。从单一布局单元找到最佳的布局参数，在将来的研究中，我们可以在不同规模的非垂直向下 NPP 布局中通过一定的调整来布局多个定位传感器，实现覆盖整个目标移动区域的目标。

6.3　布局优化研究：数值实验

在这个部分，我们研究了非规则布局和规则布局的最优定位传感器布局方案，并进行了敏感性分析，然后在三种典型的规则布局模式中比较每个定位传感器的覆盖的区域。同时也研究了通过采用连续集群来扩大最大感应角度的方法对定位传感器布局性能的影响。

定位传感器的布局是一个困难的问题，即使定位传感器布局方向是固定的（Dai et al.，2013），问题也很难处理。在本章中，通过放松对定位传感器布局方向，问题变成一个更为复杂的非线性整数规划。仿真优化（Sigrun，1998）被广泛地用来处理复杂的优化问题，同时在多项式时间复杂度下的蒙特卡罗抽样方法被广泛采用。考虑到定位传感器的布局高度，为了保证最优的有效覆盖系数的波动小于 5%，仿真优化在每个样本点运行 2000 次，同时从边长系数和定位传感器布局方向的角度在整个变量空间中进行搜索。在实际的数值算例中，信号噪声的标准差 σ_d 设为 40kHz 的一般超声波的波长。定位精度误差的上限设为在实践中普遍要求的 10 倍 σ_d，同时在感应距离为 R 时的信号成功探测概率设为 0.95，每次的测量都是独立的。

6.3.1　非规则 NPP 布局方法

在前面提到的定位传感器布局问题中，对于每一种布局模式，每一个布局单位的有效覆盖区域内的最大多边形将会被优化，图 6.5 显示了用于覆盖目标移动区域的规则多边形。

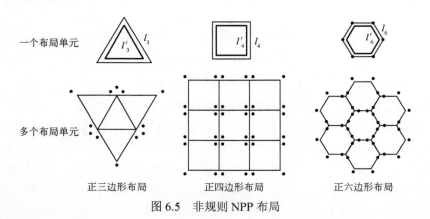

图 6.5　非规则 NPP 布局

在这种情况下，定位传感器不需要被统一布局，这种布局方式即非规则布局。然而，从覆盖系数的角度来看，非规则布局具有最佳的性能表现。通过蒙特卡罗实验的优化，对于每一个布局单元，表 6.1 呈现了非规则 NPP 布局方法在不同布局模式下的解和相应的保证 90%有效覆盖区域的方向容差，其中 C_{ln} 和 γ_n 分别代表在 n 边的规则布局模式下的边长系数和定位传感器布局方向。

为了适应不同类型的传感器，我们首先对定位传感器的感应范围进行标准化，定位传感器的布局高度系数被定义为 $C_h = h / R$。从表 6.1 中，我们可以看到随着 C_h 的增加，最优边长系数 C_{ln} 和定位传感器的布局方向 γ_n 都会降低。当 $C_h \leqslant 0.2$ 时，C_{ln} 仅仅下降了 5%，这表明布局边长对 C_h 是相当稳健的，意味着当目标在定位传感器布局平面下方不同的高度移动时，为了有效利用定位传感器，我们不需要改变定位传感器布局的基站的位置，只需要适当调整定位传感器的布局方向即可。定位传感器基站的启动成本对于定位传感器布局十分重要。考虑到定位传感器布局方向，当 $C_h \leqslant 0.2$ 时，方向容差在 0.11 弧度以上，此时，具有实际操作的可能性，因为对于现有技术而言，0.02 弧度的方向定位精度是很容易实现的。

表 6.1　非规则 NPP 布局方法的解以及相应的保证 90%覆盖区域的布局方向容差

C_h	布局边长			布局方向容差（弧度）		
	C_{13}	C_{14}	C_{16}	γ_3	γ_4	γ_6
0.000	0.906	1.01	0.906	(1.33,1.57)	(1.40,1.57)	(1.43,1.57)
0.100	0.913	0.991	0.900	(1.19,1.33)	(1.29,1.54)	(1.29,1.54)
0.200	0.920	0.957	0.885	(1.01,1.12)	(1.15,1.43)	(1.15,1.43)
0.300	0.845	0.908	0.842	(0.84,0.91)	(0.98,1.22)	(1.05,1.26)
0.400	0.778	0.828	0.765	(0.66,0.73)	(0.84,0.98)	(0.91,1.05)
0.500	0.699	0.715	0.695	(0.56,0.63)	(0.63,0.77)	(0.77,0.87)

由于前面提到的关于非规则 NPP 布局的特性，按照非规则 NPP 布局定位传感器的困难程度和规则 PP 布局相似。因此，我们假设当我们使用这两种布局方法时，每一个定位传感器的安装成本是相同的，因此，定位传感器布局的性能可以仅通过每个定位传感器的覆盖范围来进行评估和比较，对于有 n 个定位传感器的模式，定义该模式下定位传感器的覆盖系数为 C_{cn}：

$$C_{cn} = \frac{S_n}{nR^2} \tag{6.26}$$

式中，S_n 是具有 n 条边的布局模式的有效覆盖范围内的最大 n 边形的面积。在 10 倍 σ_d 的定位精度的约束条件下，三种布局模式的定位传感器的覆盖系数的对比见表 6.2。

表 6.2　　非规则 NPP 布局方法和规则 PP 布局方法的覆盖系数比较

C_h	非规则 NPP 布局方法			规则 PP 布局方法			覆盖系数比率（NPP/PP）		
	C_{c3}	C_{c4}	C_{c6}	C_{c3}	C_{c4}	C_{c6}	γ_3	γ_4	γ_6
0.000	0.088	0.081	0.096	0.000	0.000	0.000	N.A.	N.A.	N.A.
0.100	0.084	0.082	0.095	0.003	0.003	0.003	29.21	30.91	38.22
0.200	0.073	0.083	0097	0.012	0.012	0.010	6.29	7.78	9.78
0.300	0.063	0.082	0.096	0.026	0.024	0.022	2.44	3.42	4.30
0.400	0.063	0.082	0.094	0.0046	0.043	0.040	1.31	1.92	2.38
0.500	0.053	0.081	0.096	0.072	0.067	0.062	0.74	1.21	1.56

在非规则 NPP 布局方法下，在正三边形布局模式中，当定位传感器的布局高度增加时，覆盖系数降低；然而，在正四边形和正六边形的布局中，覆盖系数对定位传感器的布局高度具有鲁棒性，这表明在不用显著影响定位传感器布局性能的情况下调整布局边长是可能的。实际上，由于物理原因，定位传感器也许不能够在某些地点安装；在这种情况下，我们可以调整边长来避免这些位置。根据定位传感器的覆盖系数，正六边形布局是最佳选择，并且覆盖系数大概在 0.091 左右，这比正三边形和正四边形布局好大约 15%。当 $R \geqslant 8m$ 时，每个定位传感器的覆盖区域大于 $6m^2$，这对于大多数应用都是实用的。当定位传感器高度系数小于 0.1 时，正三边形布局优于正四边形布局；否则，正四边形布局优于正三边形布局。

为了研究定位传感器的布局方法的影响，非规则 NPP 布局方法与规则 PP 布局方法下的定位传感器的覆盖系数的比率在表 6.2 进行了对比。我们发现非规则 NPP 布局的优势会随着定位传感器的布局高度系数的增长而降低。在正三边形布局模式中，当定位传感器的布局高度系数小于 0.40 时，非规则 NPP 布局方法要优于规则 NPP 布局方法，意味着放松定位传感器的布局方向能够提高定位传感器的覆盖系数。而且，区分非规则 NPP 布局方法和规则 NPP 布局方法的定位传感器的临界布局高度大约为 0.45，意味着当定位传感器的布局高度系数小于 0.45 时，建议采用非规则 NPP 布局方法，否则的话建议采用规则 PP 布局方法。然而，在正四边形和正六边形布局模式中，当定位传感器的布局高度系数小于 0.5 时，非规则 NPP 布局方法至少比规则 PP 布局方法的准确率高 20%。考虑到布局模式，通过放松对定位传感器布局方向的约束，正六边形布局方法有较大的提升。甚至当定位传感器的布局高度系数达到 0.2 时，放松对定位传感器布局方向的约束依然能够提升 5 倍的覆盖系数。

6.3.2　规则 NPP 布局方法

定位传感器的非规则 NPP 布局方法从覆盖系数的角度来看有着很好的性能表现，然而，在实际的运营中该布局方法有以下几个缺点：

（1）定位传感器网络看起来混乱而且安装难度大，且不能有效避开障碍物。

（2）混乱的定位传感器网络在调度定位传感器的信号发射时难度增大，且变得混乱。

（3）需要更多的定位传感器基站和更高的安装成本，因为每个定位传感器需要一个基站。

在正六边形布局模式下，在每个布局单位的正六边形中，在有效覆盖区域内存在着一个有着同一中心和方向的正六边形覆盖区域。当定位传感器布局单元的正六边形与正六边形覆盖区域的面积比率恰好是 q_0^2，其中 q_0 是正整数，连接所有相同的正六边形覆盖区域将会使定位传感器布局实现规则布局，这将消除之前提到的非规则布局中的缺点。通过分析我们很容易知道，此时的规则 NPP 布局刚好是前面提到的离散集群的定位传感器。当 $q_0 = 1$ 时，布局单元提供了相同的布局模式和布局边长的有效感应区域。当 $q_0 = 2$ 时，图 6.6 中呈现了多个布局单元的布局模式。

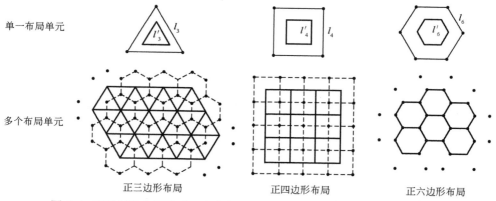

图 6.6　三种规则布局模式下多个布局单元（$q_0 = 2$）的规则 NPP 布局方法

在这张图中，正三边形布局模式的多个布局单元提供了边长为 $\sqrt{3}l_3 / 6$ 的规则正六边形布局；正四边形布局模式的多个布局单元提供了一个边长为 $l_4 / 2$ 的规则正四边形布局，同时正六边形布局模式的多个布局单元提供了一个边长为 $l_6 / 2$ 的规则正六边形布局。当 $q_0 = 3$ 时，正三边形布局模式的多个布局单元提供了一个边长为 $\sqrt{3}l_3 / 9$ 的统一正六边形布局，正四边形布局模式的多个布局单元提供了一个边长为 $l_4 / 3$ 的统一正四边形布局，同时正六边形布局模式的多个布局单元提供了一个边长为 $\sqrt{3}l_6 / 3$ 的规则正六边形布局。当区域的比率刚好不是 q_0^2，调整边长系数 $C_{\ln q}$ 来增加区域比率尽可能接近 q_0^2 是可能的。例如，如果调整后的区域比率是 3.8，基于调整的边长系数 $C_{\ln 2}$，$q_0 = 2$ 时的多个布局单元的联合结构可以被应用。在存在多个解的情况下，指数 $C_{\ln q}^2 / q^2$ 有最大值时，具有最优的解。得到这个结论，有两个原因，一个是覆盖区域在接近最优边长时是稳定的，另一个原因是当改变边长时，比率将会明显被改变。

　　有多个布局单元的规则布局方法的传感器布局算法如下所示，其中 M 和 M1 为足够大的正整数。

For $k = 1:1:M+1$

　　$C_h = (k-1)/M$

　　for $j = 1:1:2M+1$

　　　　$C_{in} = (j-1)/M;$

　　　　步骤 1：确定定位传感器的坐标。

　　　　步骤 2：确定通过布局单元的中心点 $(\sum_{i=1}^{n} x_i/n, \sum_{i=1}^{n} y_i/n)$，倾斜角分别为 $\frac{\pi}{4}$，$\frac{\pi}{3}$ 和 $\frac{\pi}{2}$ 的三条直线和合格定位服务区域边界的交点，分别计算中心点到三个交点的距离 r_{e1}、r_{e2} 和 r_{e3}

　　　　步骤 3：计算图 6.4 中的有效多边形覆盖区域的面积。当 $n=3$ 时，$S_{e3} = \frac{3\sqrt{3}r_{e3}^2}{4}$；如果 $r_{e3} < r_{e1}/(2\cos(\pi/n))$，$S_{e3} = n\tan(\pi/n)r_{e3}^2$，否则，$S_{e4} = 2r_{e3}^2$ 和 $S_{e6} = \frac{3\sqrt{3}r_{e2}^2}{2}$

　　　　步骤 4：最大化覆盖区域面积比率 $r_{an} = S_n/S_{en}$，其中 $S_n = \frac{nC_{in}^2}{4\tan(\pi/\theta)}$

　　　　步骤 5：找到满足 $r_{am} \leqslant q_0^2$ 条件时最小的 q_0；寻找当 $q = q_0, q_0+1$ 时，满足 $\gamma_{an} = q^2$ 条件时调整布局方案 $(C_{in\,q}, \gamma_{nq})$

　　end

　　　　步骤 6：选择具有较大 $\frac{C_{in\,q}^2}{q^2}$ 的布局方案为 $(C_{in\,q}, \gamma_{nq})$

End

　　根据之前的数值实验，多个布局单元下的规则 NPP 布局的解以及相应的保证 90% 覆盖的方向容差见表 6.3。与非规则布局方法相似，布局边长系数对有合适方向容差的定位传感器的布局高度具有鲁棒性，这使得多个布局单元的规则 NPP 布局方法变得优势突出。同时，表 6.4 比较了规则 NPP 布局方法和规则 PP 布局方法下的定位传感器的覆盖系数。当定位传感器的布局高度增加时，覆盖系数对定位传感器的布局高度具有鲁棒性，这使得在安装定位传感器的过程中规则 NPP 布局方法变得切实可行。而且，从覆盖系数的角度，考虑规则布局模式时，正六边形布局模式是最佳选择。即使当定位传感器的布局高度系数达到 0.2，正六边形布局的覆盖系数大于 0.086。以 8 米的感应范围为例，通过规则 NPP 布局方法，每个定位传感器的有效覆盖区域达到 5.5 平方米，因此，这在实际应用中是可行的。

表 6.3　规则 NPP 布局的解以及相应的保证 90%覆盖的方向容差

C_h	边长			方向容差（弧度）		
	C_{13}	C_{14}	C_{16}	γ_3	γ_4	γ_6
0.000	1.073	1.035	0.915	(1.19,1.57)	(1.33,1.57)	(1.47,1.57)
0.100	1.103	1.030	0.912	(1.29,1.43)	(1.19,1.54)	(1.33,1.54)
0.200	1.066	1.005	0.899	(0.94,1.33)	(1.05,1.54)	(1.15,1.43)
0.300	1.021	0.965	0.862	(0.73,1.22)	(0.87,1.36)	(0.98,1.33)
0.400	0.936	0.905	0.799	(0.59,1.12)	(0.66,1.19)	(0.77,1.22)
0.500	0.851	0.823	0.712	(0.56,0.98)	(0.56,1.05)	(0.59,1.08)

　　考虑到定位传感器的布局方向对布局绩效的影响，规则 NPP 布局方法和规则 PP 布局方法的覆盖系数在表 6.4 中进行了比较。因为在规则 PP 布局方法中的覆盖系数随着定位传感器的布局高度的增加而增加，当定位传感器的布局高度增加时，规则 NPP 布局方法的优势下降。即使当定位传感器的布局高度系数达到 0.2 时，放松定位传感器的布局方向约束可以将正三边形布局模式、正四边形布局模式以及正六边形的布局模式的覆盖系数在规则 PP 布局方法的基础上分别提高 250%、492%以及 766%。考虑到规则布局模式，建议采用规则 NPP 布局方法下的正六边形布局模式。在正三边形布局模式中，当定位传感器的布局高度系数小于 0.30 时，放松定位传感器的布局方向约束至少能将覆盖系数提高 45%，而且，我们已经发现规则 NPP 布局方法和规则 PP 布局方法的布局绩效均衡点为 C_h=0.35，意味着当初定位传感器的布局高度系数小于 0.35 时，从覆盖系数的角度来看，规则 NPP 布局方法优于规则 PP 布局方法，否则，规则 PP 布局方法优于规则 NPP 布局方法。相似地，在正四边形布局模式中，当定位传感器的布局高度系数 $C_h \leqslant 0.40$ 时，从覆盖系数的角度来看，规则 NPP 布局方法优于规则 PP 布局方法，否则，规则 PP 布局方法优于规则 NPP 布局方法。另外在正六边形布局模式中，当定位传感器的布局高度系数 $C_h \leqslant 0.45$ 时，从覆盖系数的角度来看，规则 NPP 布局方法优于规则 PP 布局方法，否则，规则 PP 布局方法优于规则 NPP 布局方法。考虑到规则与非规则 NPP 布局方法的比较，规则 NPP 布局方法在正三边形布局模式、正四边形布局模式和正六边形布局模式中分别损失了大约 50%、25%和 10%的覆盖系数。由于定位传感器的集群可以降低定位传感器基站的数目，因此我们同时进行了基站数量的比较，具体如表 6.5 所示。当定位传感器的布局高度系数较小时，规则 NPP 布局方法相对于非规则 NPP 布局方法在正三边形布局模式下可以节约大约 50%的基站数目。与规则 PP 布局相比，当定位传感器的布局高度系数较小时，规则 NPP 布局方法在正四边形布局模式和正六边形布局模式下可以节约大约 65%的定位传感器基站的数目。与非规则 NPP 布局方法相比，规则 NPP 布局方法在正四边形布局模式和正六边形布局模式下可以在较小布局

高度系数的应用中节约大约 85%的定位传感器基站的数目。这表明在实际安装中将节约近一半的定位传感器投资成本，因此，规则 NPP 布局方法是相当有潜力的。因此，当定位传感器的高度系数小于 0.4 时，强烈建议使用正六边形布局模式和规则 NPP 布局方法。

表 6.4　规则 NPP 布局方法和规则 PP 布局方法的有效覆盖系数比较

C_h	规则 NPP 布局方法			比率（NPP/PP）			比率（NPP/PP）		
	C_{c3}	C_{c4}	C_{c6}	γ_3	γ_4	γ_6	γ_3'	γ_4'	γ_6'
0.000	0.042	0.067	0.091	N.A.	N.A.	N.A.	0.47	0.82	0.95
0.100	0.044	0.065	0.090	15.21	24.86	36.39	0.52	0.79	0.95
0.200	0.041	0.063	0.086	3.55	5.92	8.66	0.56	0.76	0.89
0.300	0.038	0.058	0.080	1.45	2.43	3.61	0.59	0.71	0.84
0.400	0.032	0.051	0.069	0.68	1.20	1.75	0.52	0.62	0.73
0.500	0.026	0.042	0.055	0.36	0.63	0.89	0.49	0.52	0.57

表 6.5　规则 NPP 布局方法、规则 PP 布局方法和非规则 NPP 布局
方法的定位传感器基站数量比较

C_h	比率（规则 NPP 布局/规则 PP 布局）			比率（规则 NPP 布局/非规则 NPP 布局）		
	γ_{s3}	γ_{s4}	γ_{s6}	γ_{s3}'	γ_{s4}'	γ_{s6}'
0.00	0.705	0.303	0.353	N.A.	N.A	N.A
0.10	0.640	0.311	0.350	0.132	0.040	0.027
0.20	0.590	0.329	0.369	0.563	0.169	0.113
0.30	0.562	0.353	0.397	1.381	0.412	0.277
0.40	0.640	0.400	0.455	2.922	0.834	0.573
0.50	0.676	0.478	0.585	5.523	1.575	1.127

6.3.3　连续集群

　　因为市场上大多数定位传感器的最大感应角度为 $\frac{\pi}{3}$，通过连续集群可以扩大每个定位传感器基站的最大感应角度，表 6.6 说明采用不同数目的连续集群后的定位传感器在不同布局方法和模式下的有效覆盖系数。基于集群后的定位传感器基站的最大感应角度，根据第 6.3 节的研究，在非规则 NPP 布局方法在定位传感器的布局高度系数为 0.2 的情况下通过放松定位传感器的布局方向得到的布局性能在正三边形布局模式下没有变化。表 6.6 展示了定位传感器连续集群有效覆盖

系数的提高情况，其中 n_0 表示集群的定位传感器数量。我们发现在非规则 NPP 布局下正三边形布局模式、正四边形布局模式和正六边形布局模式下的最优集群方法，即每个传感器的合格定位服务范围具有的最大边际贡献分别是 $n_0=3$、$n_0=4$ 和 $n_0=6$。在规则 PP 布局下，我们发现 $n_0=7$ 具有提高传感器的覆盖系数的最大边际贡献（41%）。在实践中，定位传感器本身比定位传感器基站便宜得多，因为电路板的成本占传感器基站成本的主要部分。因此，在非规则 NPP 布局下的正六边形布局模式中，只有传感器的边际成本小于定位传感器基站成本的 24% 时，$n_0=0$ 才是经济的；在规则 PP 布局方法中，只有当传感器边际成本小于初始定位传感器基站成本的 41% 时，$n_0=7$ 才是经济的。

表 6.6　定位传感器连续集群下的非规则 NPP 布局解和定位传感器的覆盖系数改善比率

项目	集群模式（传感器个数）	n_0				
		3	4	5	6	7
布局解	布局方向（弧度）	0.34	0.52	0.52	0.87	0.92
	最大感应角度（弧度）	1.23	1.55	1.75	2.02	2.37
	非规则 NPP（n=3）布局	15	15	15	15	15
改善比率	非规则 NPP（n=4）布局	55	118	118	118	118
	非规则 NPP（n=6）布局	26	55	90	120	144
	规则 PP（n=3,4,6）布局	33	96	135	187	243

6.3.4　定位传感器布局策略的经济分析

在每个规则布局模式中，通过离散集群或连续集群来放松定位传感器的布局方向约束在某些条件下确实可以提高规则 PP 布局方法下的定位传感器的布局绩效，譬如改善覆盖系数和布局定位传感器基站的布局成本。然而，定位传感器集群本身也需要成本，令 y 表示边际集群成本占初始定位传感器基站成本的比率，且 $y \in [0,1]$。为了简单起见，假设没有集群的初始定位传感器成本为 1，k_n 表示采用规则 NPP 布局方法后每个基站被共用的布局单元数目。此时，一个定位传感器集群基站的总集群成本为 $1+(k_n-1)y$。因此，为了覆盖一个单位的面积，定位传感器的数量为 $\dfrac{1}{C_{cnkn}}$，C_n 采用布局模式 n 下采用规则 NPP 布局方法后每个定位传感器的覆盖系数。因此，在布局高度系数为 C_h 下采用规则 NPP 布局方法下的总定位传感器布局成本为：

$$T_{cn}(C_h, y) = \frac{1-y}{C_{cnkn}} + \frac{y}{C_{cn}} \tag{6.27}$$

定理 6.1　在通过定位传感器的离散集群实现的规则 NPP 布局方法下，考虑到定位传感器成本和定位传感器的集群成本，相对于其他的规则布局模式，正六边形布局模式最经济。

证明： 考虑式（6.27）中的成本函数，在正三边形布局模式和正六边形布局模式中，$k_3 = k_6 = 3$；而且，我们发现定位传感器的高度系数中，有效覆盖系数 $C_{c6} > C_{c3}$。因为 T_{cn} 是 C_{cn} 的递减函数，并且 y 和 $1-y$ 都是非负的，$T_{c6} < T_{c3}$ 任何条件下都成立。在正四边形布局模式中，$k_4 = 4$；然而，覆盖系数结果可得，在所有的定位传感器的布局高度系数下易得 $\dfrac{1}{C_{c6k6}} < \dfrac{1}{C_{c4k4}}$。此外，$C_{c6} > C_{c4}$，因此 $T_{c6} < T_{c4}$。

通过比较所有布局策略的总布局成本，得出经济的定位传感器布局策略，如图 6.7 所示。当定位传感器的布局高度系数 $C_h < 0.5$ 且定位传感器的边际集群成本比率 y 大于某值时，定位传感器的集群是不经济的，建议采用非规则 NPP 布局方法和正六边形布局模式；然而，当 y 小于阈值时，则建议采用定位传感器集群。因此，当定位传感器的布局高度系数足够大且集群成本足够小时，建议采用连续集群 7 个定位传感器的规则 PP 布局方法和正三边形布局模式。否则，建议采用离散集群 5 个定位传感器的规则 NPP 布局方法和正六边形布局模式。

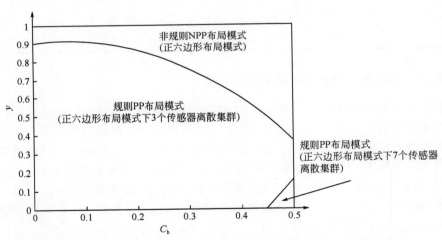

图 6.7　考虑定位传感器集群、布局方法和布局模式下的经济布局策略

6.4　本章小结

本章研究了在准三维应用环境中无布局方向约束下的定位传感器布局问题。针对方向性定位传感器，即具有有限的最大感应角度和感应范围，在满足诸如定

位准确度、定位精度以及定位可靠性的定位服务要求下，分别采用了三种规则布局模式：正三边形布局模式、正四边形布局模式以及正六边形布局模式，建立了一个混合整数非线性规划模型来优化布局策略中的布局单元边长以及定位传感器的布局方向，以达到最小化定位传感器数目和成本的目的。同时，通过离散集群和连续集群的方法来放松对定位传感器的布局方向约束，定位传感器布局可以是规则布局或非规则布局。在非规则布局中，当定位传感器的布局方向可变时，我们发现了 NPP 布局方法的解（包括布局单元的边长和布局方向）对定位传感器的布局高度是稳健的，且在不同定位传感器布局高度下最大化了定位传感器的覆盖系数。这是一个很好的系统特性，因为在现实应用中，定位传感器的布局高度特别是布局方向一般是很难控制的。

在 NPP 布局方法下，考虑规则布局模式，正六边形布局模式是最优的，并且当定位传感器的布局高度系数高于 0.2 时，放松对定位传感器的布局方向约束能够提高 8.78 倍的覆盖系数。为了降低定位传感器的基站的数目，我们对此提出一个算法来实现 NPP 布局方向下的规则布局，我们发现相比于非规则 NPP 布局，规则 NPP 布局的绩效对定位传感器的布局高度和布局方向更加稳健，并且正六边形布局模式仍然是最优选择。甚至当定位传感器的布局高度系数大于 0.2 时，放松定位传感器的布局方向的约束能够提高 7.66 倍的覆盖系数。在正三边形布局模式、正四边形布局模式和正六边形布局模式下规则 NPP 布局方法与规则 PP 布局方法的布局绩效的比较与定位传感器的布局高度系数有关，且存在一个关键的定位传感器的布局高度系数使得两者的布局绩效相当，分别为 0.35、0.4 和 0.45。在三种规则布局模式下，当定位传感器的布局高度系数小于关键的定位传感器的布局高度系数时，放松定位传感器的布局方向约束可以提高布局的覆盖系数。当定位传感器的布局高度系数增加时，放松定位传感器的布局方向约束的优势降低。而且，在正六边形布局模式中，规则 NPP 布局与非规则 NPP 布局的覆盖系数是相似的，但是规则 NPP 布局能节约超过 85% 的定位传感器基站数目，这使得定位传感器的部署和运营具有成本效益和实用性。

通过对定位传感器的连续集群能扩大定位传感器的最大感应角度，当定位传感器的最大感应角度为 $\pi/3$ 时，我们发现 $n_0=7$ 时，在正六边形布局模式下的非规则 NPP 布局方法和规则 PP 布局方法下，单个发射器能够分别提高 24% 和 41% 的合格定位服务的覆盖区域。然而，对于正三边形非规则 NPP 和正四边形非规则 NPP 布局方法，最优的集群数量为 $n_0=3$ 和 $n_0=4$，单个发射器的边际贡献分别为 7.5% 和 39%。最后，考虑到传感器集群成本和传感器基站成本，根据不同的传感器集群成本和传感器布局高度系数提出了最经济的传感器布局策略。本章提供了考虑集群成本下设计定位传感器的参考性意见。

首先，本章未考虑不同布局策略下实际应用中的传感器定位运营问题，譬如定位传感器的信号调度，从而会影响动态定位的服务质量。更重要的是，三维应用环境下的定位传感器布局问题和准三维应用环境有显著差异，一方面定位传感器可以布局在更多的地方，另一方面目标同样是在三维空间运动，即定位传感器的布局高度在不断变化，我们会在将来的研究中进一步探讨这些情况。

第7章 仓库弹性物料搬运系统中的定位传感器布局策略研究

7.1 导 言

大型仓库一般有带有许多层储存位置的平行货架，在货架之间设计有狭窄通道用来储存和取回货架上的物品。在这种环境下，自动引导车常被用来搬运周围的物品，由于空间较大，自动引导车通常需要在水平和垂直方向移动，也就是说，在三维空间移动。为了不断地估计自动引导车的位置和导航路径，自动引导车需要由室内定位系统来提供定位信息服务。在室内定位系统设计中的一个基本问题是定位传感器的布局问题，这对自动引导车的表现至关重要。本章研究了这种用于大仓库的超声波定位系统（UPS）的设计。作为一个方向性定位传感器，超声波定位传感器具有有限的最大感应角度，其感应范围通常由特定范围的球锥形区域来刻画。市场上有许多种不同成本和不同最大感应角度和感应范围的超声波定位传感器。在高度和宽度上，超声波定位传感器与大仓库相比是较短的。因此，三维基站的布局方案是有必要覆盖整个仓库的室内空间。

即使定位传感器的布局问题已被广泛研究，但也没有成熟的结果可以直接应用到大型仓库中。文献中的经典传感器布局问题是美术馆问题，它主要决策全方向监控器的布局问题，即在保证美术馆被完全覆盖的条件下最小化监控器的数目（O'Rourke，1987）。另一个经典问题是无线传感器网络（WSN），目标是将传感器探测的区域最大化。Younis 和 Akkaya（2008）对无线传感器网络布局技术进行了一个极好的综述。以上两个问题都聚焦于探测而不是目标的定位，因此这和我们的研究不同。在三维的情况下，自动引导车的位置需要通过它与至少三个预先设定位置的超声波定位传感器的距离数据来估计。

对于大多数的定位传感器布局问题，在感应区域内的定位传感器的敏感度被假定是相同的，这意味着传感器的感应模型为是否型。这种情况下，一个点的覆盖区域仅依赖于它是否在感应区域。然而，对于超声波定位传感器，信号强度随着距离的增加而减弱，因此，探测的概率会影响定位的效率，这种概率特性已经被一些研究者发现。Dhillon 和 Iyengar（2002）、Dhillon 和 Chakrabarty（2003）

对定位传感器布局问题进行了研究，这些问题考虑了不确定感应的定位传感器在定位传感器网络有效的覆盖区域中感应的最大化。他们假设定位传感器被布局在栅格点上，探测的概率随着距离呈指数型变化。考虑不确定感应的目标定位也被用来研究定位传感器布局问题（Clouqueur et al.，2003）。在他们的研究中，定位传感器的信号随距离的多项式而衰减，同时采用几何精度因子（GDOP）来刻画定位的不确定性。在本章中，我们使用声压级（SPL）模型（Massa，1999；Laguna and Roa，2009），加上一些随机噪声来模拟不确定感应下的感应模型。

大部分的定位传感器布局研究聚焦于二维布局环境，其中定位传感器和目标在同一平面上。Laguna 和 Roa（2009）研究了定位传感器被布局在目标移动平面上的准三维定位传感器布局问题，以探究为达到期望的准确度和一定信度水平的最小定位传感器数目。他们提出了一个多样化的本地搜索方法来解决这个问题并与遗传算法（GA）的方法进行比较。Dai 等（2013b）对准三维布局问题进行了研究，主要研究不同规则布局策略的优化和比较。在定位传感器和目标都位于三维空间时的定位传感器布局问题是相当复杂的，而且已被证明是 NP-hard 问题（Marengoni et al.，2000）。Ray 和 Mahajan（2002）研究了超声波定位传感器的一个三维定位问题。他们聚焦于定位传感器的一个几何结构并提供一种导致奇异性的全面分析条件，然后提出一种遗传算法来求解问题。

在前面提到的文献中，所有的定位传感器是相同的，因此布局成本不考虑在模型中。Osais 等（2008）研究了二维定位传感器布局问题，通过适当地选择定位传感器的类型和方向而最小化总成本。Chakrabarty（2002）研究了类似的问题，考虑了两种类型的定位传感器的二维网格覆盖问题以将总成本降到最低。

本书通过探索新的三维超声波定位系统 UPS 给大型仓库环境中自动引导车提供全面的定位服务。首先我们基于准三维布局的结论，提出了在三维环境下布局超声波定位传感器的一种通用的方法。这个方法是把准三维超声波布局方案旋转并将其垂直地应用在仓库通道的一边或两边，虽然很容易实现和操作，但可能不是最佳的布局策略。然后，我们提出一个一般模型方法，其中定位传感器的位置用栅格点来表示，并且定位传感器可以以任何布局方向布局在任何点。布局问题可以陈述为在正确的位置以正确的方向布局正确类型的定位传感器，其目的是覆盖一系列关键并常用的控制点并满足定位服务要求。针对该问题，我们首先建立了一个多目标非线性规划模型，其目标是在总的布局成本、定位的可靠性和定位延迟时间（实时定位性能）之间进行权衡。我们提出了一个基于遗传算法的方法来寻找最优解。同时基于一个实际的仓库进行了实验研究，并且比较了不同方法的绩效。

本章的其余部分组织如下：第二节提出了关于在仓库应用中的定位传感器布局问题的问题描述和模型构建。第三节讨论了用来解决仓库的定位传感器布局问题的两种方法，并且将数值研究展现在第四节中。我们在第五节总结全章内容。

7.2　布局方法和问题陈述

在本节中，我们描述了超声波定位传感器的特征以及在仓库自动化中自动引导车的定位服务要求。

7.2.1　超声波定位传感器的特征

超声波定位传感器是有方向的传感器，有一个有限的最大感应角度和一个最大的感应范围。图 7.1 显示了一个典型的超声波定位传感器的感应区域，可以由以下参数来刻画：

（1）θ_i：最大感应角度（AOV）可以通过超声波定位传感器感应得到。一般来说，对于大多数市场上的超声波定位传感器，AOV 在 $[\pi/6, 2\pi/3]$ 的范围内。

（2）R_i：超过目标无法获得可靠信号的定位传感器的最大传感范围。对于超声波定位传感器，范围通常是几米。并且在一定的成本限制下，传感范围越大，AOV 越小。

（3）(x_i, y_i, z_i)：笛卡儿坐标表示类型 i 的超声波定位传感器在三维空间中位置。

（4）$\bar{O}_i$：一个单位向量决定了感应区域中心线的方向。它定义了定位传感器的布局方向。一个定位传感器可能的布局方向由 AOV 决定。例如，考虑一个 AOV 为 $\pi/3$ 的超声波定位传感器，定位传感器在整个空间中有 14 个方向。因为定位传感器只能被放置在过道空间的边界，所以可能的方向数量是 7，如图 7.2 所示。

（5）C_i：类型 i 的定位传感器的成本。

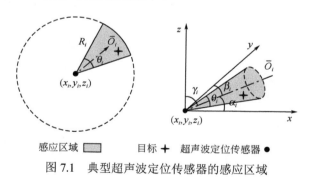

感应区域 ▨　　　　目标 ✚　　超声波定位传感器 ●

图 7.1　典型超声波定位传感器的感应区域

7.2.2　仓库自动化的特征

为了设计用于在大型仓库中给自动引导车提供定位服务的 UPS，首先有必要了解仓库的特征、导航区域以及可以布局定位传感器的位置和不能布局的障碍区域。

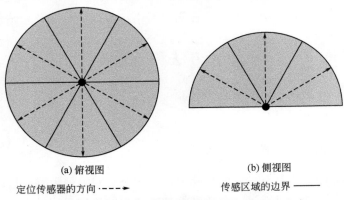

(a) 俯视图　　　　　　　　　　　　　(b) 侧视图

定位传感器的方向 ·----▶　　　　　传感区域的边界 ──────

图 7.2　AOV 为 π/3 的定位传感器的可能布局方向

图 7.3 和图 7.4 展示了一个典型的仓库的三维视图和正视图以及顶视图。在仓库中有平行的托盘货架，在它们之间有通行的过道，自动引导车在其中穿梭来存储和拣选物品（Gue and Meller，2009）。其中 H、L 和 W_a 分别表示通道的高度、长度和宽度。我们用 L_s 和 Z_s 来分别表示存储单元的长度和高度，并且通过 Z_v 和 W_v 来分别表示自动引导车的高度和宽度。

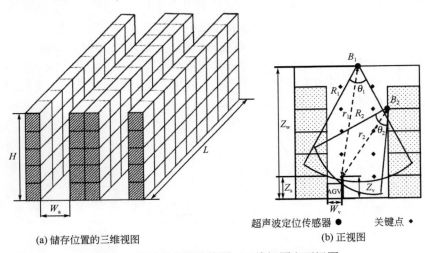

超声波定位传感器 ●　　　　关键点 ◆

(a) 储存位置的三维视图　　　　　　　　(b) 正视图

图 7.3　典型仓库的结构图：三维视图和正视图

仓库中的自动引导车的主要任务是在装载站和货架之间存取和搬运货物。为了引导自动引导车的移动，需要在不同的区域提供定位和导航服务。在过道中，自动引导车仅在地面上水平直线移动，所以定位传感器布局问题是一个二维布局问题，这时定位传感器可以布局在墙上。然而，在两个货架之间的通道，自动引导车需要在水平和垂直方向上移动来完成搬运任务，并且仓库的高度通常比超声波定位传感器的感应范围大得多，为了能够完全覆盖过道空间，定位传感器需要布局在三维空间。另外，在实际的布局中，定位传感器不能被放置在任意位置。相反，它们只能被安置在货架和天花板上，否则会阻碍存取活动，因此，这使得布局问题变得非常复杂。我们专注于研究一个通道的定位传感器 UPS 的布局设计。主要原因是每个通道是类似的，一个通道的布局设计可以被复制到仓库里的其他通道中。

在货架之间的过道的布局定位传感器的另一个考虑是需要区分那些关键控制点和一般导航区域。如图 7.4 所示，关键控制点是自动引导车执行存取物品的地方，为了准确完成存取作业，避免碰撞货架和货物而导致货物的损伤，在关键控制点需要对自动引导车的位置有较为精确和可靠的定位，譬如准确定位货架的列和层。而在一般导航区域，只需要保证自动引导车的水平移动并避让障碍物即可。因此，在我们的模型中，我们为不同类型的导航区域的定位服务设置了不同的定位精度和定位可靠性要求。

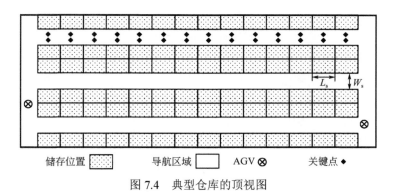

图 7.4　典型仓库的顶视图

7.2.3　不确定感应模型

在一个超声波定位系统中，传感器发出的超声波信号在空气中传播，然后到达安置在目标物上的接收器。如果来自超声波信号和环境噪声的声压级比给定的临界值大，超声波信号就会被成功检测到（Shirley，1989）。随着信号在空气中传播，空气吸收（信号衰减）以及声波脉冲离开传感器时，辐射波束表面扩张所带来的损失会使声压级逐渐降低。根据 Massa（1999），传播距离为 r 的声压级可以写为：

$$\text{SPL}(r) = \text{SPL}(r_0) - 20\log(\frac{r}{r_0}) - \alpha(f)(r - r_0), \tag{7.1}$$

式中，$\text{SPL}(r_0)$ 是参照距离为 r_0 时的声压级，通常为 0.3m。第二项是表面扩张带来的传播损失。最后一项表示空气吸收造成的信号衰减。$\alpha(f)$ 是以分贝每米为单位表示的衰减系数,而 f 是以千赫兹为单位的超声波频率。由于空气吸收导致的声压级损失所占比重较大,所以了解空气吸收带来的损失值对于判断传感器的最大感应范围有重要作用。声波的衰减在空气中随频率增大而被放大。根据 Massa(1999a,1999b),衰减系数由下式给定:

$$\alpha(f) = \begin{cases} 0.0328f & 20\text{kHz} < f \leqslant 50\text{kHz} \\ 0.0722f - 1.9685 & 50\text{kHz} < f < 300\text{kHz} \end{cases} \tag{7.2}$$

根据热力学、扰动和多次反射等理论,在信号检测中有一个独立的来自外部环境的干扰噪声。假设干扰噪声的声压级 ε 服从正态分布 $N(\mu, \sigma^2)$。需要指出,将传感器和目标物之间的距离和来自环境中的独立噪声结合起来的假设在文献中是被广泛采用的,如 Dhillon 和 Chakrabarty(2002)以及 Dhillon 和 Iyengar(2002)的研究。此外,噪声的能量通过对数转换产生声压级,并在统计学上通常诱发一些正态随机变量。然后,关于距离变量 r 的总声压级可由下式得到:

$$\text{TSPL}(r) = \text{SPL}(r) + \varepsilon \tag{7.3}$$

根据信号处理理论,当总的衰减后的超声波和噪声的声压级大于既定的临界值时,接收器便可以侦测到信号并且测算传感器到接收器之间的距离(Shirley,1989)。在实际的超声波测距系统中,一个特定的声压级临界值已经被选定,并且通过公式 $E(\text{TSPL}(R)) = \text{SPL}_{\min}$,便可以得到临界条件下最大的感应范围 R 的值。由于超声波定位传感器的感应范围为一个锥角为 θ,半径为 R 的球锥。当目标物在感应范围内,成功侦测目标的概率为:

$$\begin{aligned} \Pr(r) &= \Pr(\text{TSPL}(r) > \text{SPL}_{\min}) \\ &= \Pr(\varepsilon > \text{SPL}_{\min} - \text{SPL}(r)) \\ &= 1 - \Phi\left(\frac{\text{SPL}_{\min} - \text{SPL}(r) - \mu}{\sigma_N}\right) \end{aligned} \tag{7.4}$$

式中,$\Phi(\ )$ 是标准正态随机变量的累积分布函数。从三维空间角度来看,要求至少有 $k = 3$ 的信号数。然而,接收器要收到超过 k 个信号,即 m 个信号,也不是不可能的。在超声波定位系统中,传感器独立传播信号。因此,定位的可靠程度可以用 k-out-of-n 系统来描述,即一种有独立的非统一要素的 k-out-of-n:G 系统的组合情况。超出的信号数量可以增加系统的可靠程度。根据 Boland 和 Proschan(1983)采用的最小路径设定,在至少存在 k 个信号的前提下,定位目标物的定位可靠性可以通过下式计算得到:

$$\text{Re}(k, m) = \sum_{i=k}^{m} (-1)^{i-k} \binom{i-1}{k-1} \sum_{j1 < j2 < \cdots < ji} \prod_{t=1}^{i} \Pr(r_{jt}) \tag{7.5}$$

式中，$\Pr(r_{jt})$ 表示成功侦测到记为 jt 的传感器发送出的信号的概率。在这个等式中，对于任何一个固定的 i 值，内部加总项告诉了我们第 i 个信号被成功侦测的概率，无论其他的 $m-i$ 个信号有没有被侦测到。当 $k=m$ 的时候，这个可靠性系统被弱化为若干个系统并且定位的可靠性可以被简化为：

$$Re(m,m) = \prod_{t=1}^{m} \Pr(r_i) \tag{7.6}$$

7.2.4　目标定位精度解决方案

为了用三边测量法确定目标物位置，我们需要测量多个不同的传感器到同一个目标的距离。目标物位置的估算相当于模型中的参数估计问题。最小二乘估计法（LS）和极大似然估计法（ML）是参数估计问题中最常用的方法。极大似然估计法要求海森矩阵得出一个最优函数；然而，估计的数值并不能保证海森矩阵的正定性，所以本章采用最小二乘法。

定位精度由统计估计的表现来决定。在一个三维空间里，令 $p=(x,y,z)$ 表示目标物位置坐标；$s_i=(x_i,y_i,z_i)$，$i=1,\cdots,n$ 表示 n 个不同的覆盖目标物位置的传感器的坐标；以及用 r_i 表示目标物和第 i 个传感器之间的距离。我们用 r_i 来表示与第 i 个传感器之间的估算距离，由以下公式得出：

$$\begin{aligned}\hat{r}_i &= \sqrt{(x-x_i)^2+(y-y_i)^2+(z-z_i)^2}+w_i \\ &= r_i(p,s_i)+w_i, i=1,\cdots,n\end{aligned} \tag{7.7}$$

式中，w_i 是由传感器的特性所决定的测量噪声。我们假定选定目标物位置后式中的噪声项相互独立且服从均值为零，方差为 σ^2 的正态分布。关于测量噪声项独立于传感器与目标物之间的距离变量 r 的假设在文献中被广泛使用（Kolodziej and Hjelm，2006；Laguna et al.，2009）。因此，多个传感器相对于目标物位置的距离估算值可以用一个随机向量表示为：

$$\hat{r}_i = \begin{bmatrix} \hat{r}_1 \\ \vdots \\ \hat{r}_n \end{bmatrix} \sim N\left(\begin{bmatrix} r_1(p,s_1) \\ \vdots \\ r_n(p,s_n) \end{bmatrix}, V\right) \tag{7.8}$$

式中，$V=V^{\mathrm{T}}=\mathrm{diag}(\sigma^2,\cdots,\sigma^2)$ 是协方差矩阵。

$\hat{p}$ 表示对目标 P 所在位置坐标的估值，$r(\hat{p},s)=(r_1(\hat{p},s_1),\cdots r_n(\hat{p},s_n))^{\mathrm{T}}$ 且 $w=(w_1,\cdots,w_n)^{\mathrm{T}}$，对 $\hat{p}$ 一阶展开，得到了以下近似值：

$$\hat{r}_i \approx r(\hat{p},s)+J(p-\hat{p})+w \tag{7.9}$$

其中 J 是 Jacobian 矩阵：

$$J = \begin{bmatrix} \dfrac{\partial r_1(p,s_1)}{\partial x} & \dfrac{\partial r_1(p,s_1)}{\partial y} & \dfrac{\partial r_1(p,s_1)}{\partial z} \\ \vdots & \vdots & \vdots \\ \dfrac{\partial r_n(p,s_n)}{\partial x} & \dfrac{\partial r_n(p,s_n)}{\partial y} & \dfrac{\partial r_n(p,s_n)}{\partial z} \end{bmatrix}_{p=\hat{p}} \qquad (7.10)$$

然后我们得到：

$$\hat{r} - r(\hat{p},s) = J(p - \hat{p}) + w \qquad (7.11)$$

式（7.11）为观测值为 $\hat{r} - h(\hat{p},s)$，误差项为 $p - \hat{p}$ 的线性最小二乘估计。估计过程采用迭代估计法，直到误差项达到临界条件，即在一个给定的临界值内，结束迭代。经过 J 轮循环的误差项可以表示为（Shalom et al.，2001）：

$$\hat{p}_{j+1} - \hat{p}_j = (J_j^{\mathrm{T}} V^{-1} J_j)^{-1} J_j^{\mathrm{T}} V^{-1} (\hat{r} - r(p_j - s)) \qquad (7.12)$$

分别用 N 表示最后一次循环，$\hat{p}$ 表示对 p 的最终估计值以及用 J 表示 Jacobian 矩阵最后一轮循环得到的估计值。从而最后一次估算的均方误差可以被表示为：

$$\left| E[(\hat{p}_{j+1} - p)(\hat{p}_{j+1} - p)^{\mathrm{T}}] \right| = \left| (J^{\mathrm{T}} V^{-1} J)^{-1} \right| \qquad (7.13)$$

均方误差值与距离测量噪声和传感器的布局模式有关。既然距离测算噪声由传感器特征和外部环境决定，因而，我们用定位误差与距离测量噪声的比例 $k(p)$ 来测算定位精度，近似于：

$$k(p) = \sqrt{\frac{1}{\left| J^{\mathrm{T}} J \right|}} \qquad (7.14)$$

7.3　规则布局策略

该部分，我们展示仓库应用中两种定位传感器的布局方法。一种是通用布局方法，采用（Dai et al.，2013a）提及的现有成果：准三维环境的布局策略。另一种是利用遗传算法的一般优化方法。

7.3.1　通用布局方法

仓库应用中，自动引导车沿着通道水平移动，并垂直于地面。对于超声波定位传感器可能的安放地点是货架或者天花板。为简化问题，我们假设，通用方法中，定位传感器只沿货架布局。在如下的案例中，定位传感器的布局问题简化为一个准三维空间的布局问题，这个准三维空间中定位传感器和无轨自动引导车布局在同一水平面上。这类定位传感器的布局问题已经被广泛讨论，譬如正三边形布局模式、正四边形布局模式和正六边形布局模式。随后，我们将直接应用 Dai 等（2013b）的结论进行仓库 UPS 的布局设计。准三维空间定位传感器的布局的关键参数为定位传感器的布局高度 h，即两个定位传感器水平位置和无轨自动引导车移动平面之间的距离。

由于定位传感器的感应范围比通道宽度更大，该范围内定位传感器的布局高度 h 与最优传感器的布局边长 l_n^{max} 之间存在线性关系，可用如下几何条件表示：

$$l_n^{max} = \lambda_n h \tan(\theta / 2) \tag{7.15}$$

式中，n 代表在不同布局模式中一个布局单元的传感器数量，λ_n 表示布局模式因子，取值为 $\lambda_3 = 1$、$\lambda_4 = \dfrac{2\sqrt{5}}{5}$、$\lambda_7 = \dfrac{2\sqrt{7}}{7}$，$\theta$ 是该定位传感器的最大感应角度。

如图 7.5 所示，定位传感器可以布置在通道的一边，也可以同时布置在通道的两边，接收器会随之布置在无轨自动引导车上。当定位传感器只布置在一边时，接收器会布置在比较靠近过道中心的位置，如图 7.6 中点 B 所在位置，那么相应的定位传感器的布局高度为 $h = w_a / 2$。然而，当定位传感器同时布置在通道两边时，接收器会安置在更靠近通道边界的位置，如图 7.6 中点 A 所在位置，相应的定位传感器高度 $h = w_a$。假设 m 代表布局方法，$m = 1$ 表示单边布局，$m = 2$ 表示双边布局。同时考虑两种方法，我们得到最大的定位传感器布局边长：

$$l_{n_m}^{max} = \frac{m}{2} \lambda_n w_a \tan(\theta / 2) \tag{7.16}$$

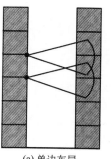
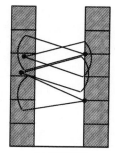

(a) 单边布局　　　　　　　　(b) 双边布局

图 7.5　仓库中一般的定位传感器布局模式

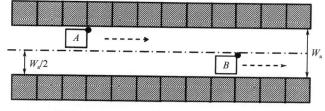

图 7.6　一般布局方法中自动引导车的接收器的设计

　　因此，同时双边布局的布局边长是单边布局的布局边长的两倍。如果没有对于定位传感器基站的数量进行限制，这两种模式的效益是相同的。

　　然而，由于无轨自动引导车需要沿着通道从存储位置存取物品，因此，定位传感器不能随意布局，只能布局在货架上，即存储单元的边界上，而存储单元的边界可以由长为 L_s、宽为 Z_s 的网格来刻画。图 7.7 展示了不同布局模式下的定位传感器的布局方式。假设 d_0 表示相邻平行的传感器布局线之间的距离，从而有：

$$d_0 = \{kL_s, kZ_s, k = 1,2\} \tag{7.17}$$

　　由于定位传感器的布局线位于货架上，且彼此平行，因此 d_0 应该为储存单元高度的倍数。因此，在几何关系上，定位传感器的布局边长受到以下表达式的限制：

$$L_{n_m} = \lambda'_n d_0 \tag{7.18}$$

式中，λ'_n 表示规则布局模式 n 中 d_0 和布局边长的比率，当布局模式分为正三边形布局（$n=3$）、正四边形布局（$n=4$）和正六边形布局（$n=6$）时，$\lambda'_3 = \dfrac{2\sqrt{3}}{3}$、$\lambda'_4 = 1$、$\lambda'_6 = \dfrac{2\sqrt{3}}{3}$。由于可行的定位传感器布局边长只能取等式（7.18）定义的数值，被约束的最优传感器放置边长 L_{n_m}，由布局模式 n 和布局方法 m 共同决定：

$$L_{n_m} = \lambda'_n d_0, \quad n = 3,4,6, \quad m = 1,2 \tag{7.19}$$

　　为比较在不同布局方法和布局模式下定位传感器的布局绩效，再考虑覆盖通道区域所需的定位传感器的数量。图 7.7 中，覆盖区域由长度为 L、高度为 H 的矩形组成。根据图 7.7，基于最优的传感器布局边长 $l^*_{n_m}$，一般而言，在正三边形布局和正四边形布局模式中每行有 $\left\lceil \dfrac{L}{l^*_{n_m}} \right\rceil + 1$ 传感器，对于正六边形布局模式每行有 $\left\lceil \dfrac{2L}{3l^*_{n_m}} \right\rceil + 1$ 个传感器。同理，我们可以确定 $\left\lceil \dfrac{2\sqrt{3}H}{3l^*_{n_m}} \right\rceil + 1$、$\left\lceil \dfrac{L}{l^*_{n_m}} \right\rceil + 1$、$\left\lceil \dfrac{2\sqrt{3}H}{3l^*_{n_m}} \right\rceil + 1$ 分别是正三边形布局、正四边形布局、正六边形布局模式下，每列的定位传感器数量。因此，在布局模式 n 和布局方法 m 下所需的定位传感器数目如下所示：

$$N_{n_m} = \left(\left\lceil \dfrac{\vartheta_{1_n} L}{l^*_{n_m}} \right\rceil + 1 \right) \left(\left\lceil \dfrac{\vartheta_{2_n} H}{l^*_{n_m}} \right\rceil + 1 \right) m \tag{7.20}$$

式中，$\vartheta_{1_3} = \vartheta_{1_4} = 1$、$\vartheta_{1_6} = \dfrac{2}{3}$、$\vartheta_{2_3} = \vartheta_{2_6} = \dfrac{2\sqrt{3}}{3}$ 和 $\vartheta_{2_4} = 1$。因此，对于同一种类型的传感器，可以求出在考虑布局约束下的最少传感器总数 N_{n_m} 和最优布局边长。

图 7.7　通用布局方法中三种规则布局模式下的定位传感器布局

7.3.2　MCMPSP 问题描述

本节将提出一个基本的模型框架并使用一般的布局方法来研究三维空间中的定位传感器布局问题。导航区域由一系列关键的控制点和一些一般导航区域组成，并且货架可以提供一系列可能布局定位传感器的基站。从成本和结构的角度，市场上存在不同类型的定位传感器，本问题在于通过选择合适的基站、传感器类型和传感器布局模式来满足不同定位服务质量要求，如每个目标位置至少需要覆盖最少数量的传感器。表 7.1 列举了本问题推导中的常用参数。在该问题中，考虑了 3 个目标：定位传感器的总布局成本最小化；最大化目标位置的平均定位可靠性；最小化目标位置的定位时间周期，即最小化目标位置的平均覆盖层数。因此，采用多目标整数非线性规划模型：

$$\min f_1 = \sum_{i=1}^{N_i} \sum_{j=1}^{N_j} \sum_{s=1}^{N_s} c_i x_{ij}^s \tag{7.21}$$

$$\min f_2 = \frac{1}{\sum_{p \in \{w_c, w_g\}} \mathrm{Re} l(p)} \tag{7.22}$$

$$\min f_3 = \sum_{p \in \{w_c, w_g\}} \zeta_p \tag{7.23}$$

表 7.1　参数符号表

符号	定义
$s = \{x_s, y_s, z_s, s = 1, \cdots, N_s\}$	仓库中潜在的一系列传感器布局节点
$W_c = \{x_c, y_c, z_c, c = 1, \cdots, N_c\}$	仓库中一系列关键控制点
$W_g = \{x_g, y_g, z_g, g = 1, \cdots, N_g\}$	仓库中常用的导航节点
$T = \{R_i, \theta_i, c_i, i = 1, \cdots, N_i\}$	一系列不同类型的传感器，R_i 代表传感区域，θ_i 代表 AOV，c_i 表示 i 类型传感器成本和 N_i 表示所需传感器的数量
$O_{ij} = \{i = 1, \cdots, N_i, j = 1, \cdots, N_j\}$	传感器 i 可能的方位
x_{ij}^s	0-1 的决策变量，如果有且仅有一个类型为 i 的传感器，布局在基站 s，方位为 j，此时 $x_{ij}^s = 1$
λ_{ij}^{sp}	0-1 变量，如果类型为 i，布局在基站 s，方位为 j 的传感器可以覆盖节点 p，此时 $\lambda_{ij}^{sp} = 1$，否则 $\lambda_{ij}^{sp} = 0$

符号	定义
ζ_{ij}^{8P}	0-1 变量表示类型为 i，布局在基站 s，方位为 j 的传感器覆盖节点的方案，是由 x_{ij}^8 和 λ_{ij}^{8P} 决定的。如果可以覆盖，则 $\zeta_{ij}^{8P}=1$，否则 $\zeta_{ij}^{8P}=0$
ζ_P	覆盖节点 p 的传感器数量
m	覆盖节点 p 所需传感器最小数量
$\mathrm{Re}\,l_p^0$	节点 p 本地服务可靠性的最低要求
$PR^0(P)$	节点 p 本地服务可靠性的最高要求

约束条件为：

（1）$\|\overrightarrow{d_{sp}}\|=\sqrt{(x_p-x_s)^2+(y_p-y_s)^2+(z_p-z_s)^2}$ 　　$\forall p\in\{W_c,W_g\},\forall s$

（2）$\lambda_{ij}^{sp}(R_i-\|\overrightarrow{d_{sp}}\|)\geqslant 0$ 　　$\forall i,j,s,p$

（3）$(1-\lambda_{ij}^{sp})(\|\overrightarrow{d_{sp}}\|-R_i)\geqslant 0$ 　　$\forall i,j,s,p$

（4）$\lambda_{ij}^{sp}(d_{sp}O_{ij}-\|\overrightarrow{d_{sp}}\|\cdot\|\overrightarrow{O_{sp}}\|\cos(\dfrac{\theta_i}{2}))\geqslant 0$ 　　$\forall i,j,s,p$

（5）$(1-\lambda_{ij}^{sp})(\|\overrightarrow{d_{sp}}\|\cdot\|\overrightarrow{O_{sp}}\|\cos(\dfrac{\theta_i}{2})-d_{sp}O_{ij})\geqslant 0$ 　　$\forall i,j,s,p$

（6）$\lambda_{ij}^{sp}+x_{ij}^s\geqslant 2\zeta_{ij}^{sp}$ 　　$\forall i,j,s,p$

（7）$\lambda_{ij}^{sp}+x_{ij}^s-1\leqslant\zeta_{ij}^{sp}$ 　　$\forall i,j,s,p$

（8）$\zeta_p=\sum\limits_{i=1}^{N_i}\sum\limits_{j=1}^{N_j}\sum\limits_{s=1}^{N_s}c_ix_{ij}^s$ 　　$\forall p$

（9）$\zeta_p\geqslant m$ 　　$\forall p$

（10）$R_e(m,\zeta_p)\geqslant\mathrm{Re}\,l_p^0$ 　　$\forall p$

（11）$PR(P)\leqslant PR^0(p)$ 　　$\forall p$

（12）$\sum\limits_{i=1}^{N_i}x_{ij}^s\leqslant 1$ 　　$\forall j,s$

（13）$x_{ij}^s,\zeta_{ij}^{sp},\lambda_{ij}^{sp}\in\{0,1\}$ 　　$\forall i,j,s,p$

约束条件（1）用于计算仓库中任意一个传感器基站 s 和目标位置 p 之间的距离。

约束条件（2）～（5）用于确保在基站 s 处布局方向为 j 的定位传感器能覆盖目标位置 p 的判断变量（$\lambda_{ij}^{sp}=1$），有且仅有从传感器 s 到 p 的测量距离小于最大感应范围 R_i，并且该目标位于该定位传感器的最大感应角度以内。

约束条件（6）～（7）表明在方向为 j 的定位传感器 i 在基站 s 上能覆盖目标位置 p，有且仅有 $\lambda_{ij}^{sp}=1$ 时，类型为 i 的定位传感器才会被布局。

约束条件（8）～（9）表明目标 p 至少应该被 m 个定位传感器覆盖。

约束条件（10）保证目标 p 的定位可靠性高于限定的阈值 $\mathrm{Re}l_p^0$。

约束条件（11）保证目标 p 的定位精确度在限定阈值 $PR^0(P)$ 之内。

约束条件（12）保证在布局方向为 j，只有一个传感器布局在基站 s 处。

7.4　布局优化算法研究

本节将进行仓库中定位传感器的布局实验，来比较两种布局方法的绩效。

7.4.1 实验设置

实验设置如下所示。无轨自动引导车尺寸是 $Z_v = 2m$ 和 $W_v = 2m$。通道长宽高分别为 $H = 10m$、$L = 12m$、$W_a = 4m$。同时存储单元的长宽高分别为 $L_s = W_s = Z_s = 2m$，从而总共拥有 60 个存储单元。对于每个存储单元，仅有一个关键控制点，因此在通道中也存在 60 个关键控制点。在一般的导航区域，假设一般控制点位于边长为 $1\,m$ 的网格上。研究具有三种不同感应范围和最大感应角度的定位传感器，表 7.2 展示了定位传感器的详细信息。

表 7.2　三种定位传感器的基本信息

定位传感器类型	编号	单位成本/美元	感应范围/m	最大感应角度（弧度）
类型 1	1	7.2	10	$\pi/3$
类型 2	2	7.2	8	$\pi/2$
类型 3	3	6	6	$2\pi/3$

关于定位精确（$PR^0(p)$），更低的阈值代表更高的定位服务要求。关键控制点设定阈值为 5，一般区域设定阈值为 10。关于目标的定位可靠性，我们定义路径定位可靠性为成功连续感应 10 个网格的概率，它反映了导航系统导航无轨自动引导车在规定路线上行驶的绩效表现。我们要求所有通道中路径感应的可靠性至少在 0.95 以上。假设每个位置的定位可靠性是相互独立的，那么在每个网格位置上的定位可靠性应至少为 $0.95^{\frac{1}{10}} = 0.995$。

7.4.2　通用布局方法

表 7.3 呈现了采用通用布局方法布局三种不同类型的定位传感器的布局绩效结果。其中 N.A 表示该布局不能完全覆盖整个定位服务区域。结果表明在给定的参数设置下，类型 1 的定位传感器，只有正三边形布局或正四边形布局的双边布局方法是可行的，在相同数目的定位传感器下，相应的布局边长度分别为 2.31 米和 2.00 米。对于类型 2 的定位传感器，只有双边布局是可行的，就所需要的定位

传感器的数目而言，正六边形布局模式最好。对于类型 3 的定位传感器，单边和双边布局模式都可行，正三角形布局或者正四边形的双边布局方法最好，仅需要 18 个定位传感器。通过这三种类型的定位传感器的比较，类型 3 的定位传感器拥有最低的布局成本。

表 7.3　通用布局方法的定位传感器布局绩效分析

定位传感器类型	参数	单边布局（m=1）			双边布局（m=2）		
		正三边形	正四边形	正六边形	正三边形	正四边形	正六边形
1	$l_{n_s}^*(m)$	N.A	N.A	N.A	2.31	2.00	N.A
1	N_{n_s}	N.A	N.A	N.A	84	84	N.A
2	$l_{n_s}^*(m)$	N.A	N.A	N.A	2.31	2.00	2.31
2	N_{n_s}	N.A	N.A	N.A	84	84	60
3	$l_{n_s}^*(m)$	2.31	2.00	2.31	6.93	6.00	4.62
3	N_{n_s}	42	42	30	18	18	24

到目前为止，我们只考虑了自动引导车在一个平面上移动的情形。如果自动引导车可以在通道间自由移动，我们可以使用定位传感器的布局高度为 $h=W_a/2$ 的双边布局。在这种情况下，在通道一边的定位传感器可以覆盖通道另一边一半的空间，即从 $W_a/2$ 到 W_a 的部分空间，因为定位传感器的覆盖范围随着布局高度的增加而增加。例如，根据表 7.3，在正六边形布局模式下，为了覆盖每一个通道的整个空间，需要类型 3 的定位传感器的总数量为 60 个。

7.4.3　遗传算法优化过程

众所周知，三维空间的传感器布局问题是一个 NP-hard 问题，在本章中，由于部分约束和目标函数是非线性的，传统的优化软件不再适用。因此，我们使用遗传算法（GA）去寻找最优解，该方法是一种模仿生物进化中遗传选择和自然淘汰过程的启发式算法。遗传算法广泛应用于解决组合和非线性优化问题，这类问题一般具有复杂的约束条件或者不可微分的目标函数（Coley，1999）。

有两类方法可以用来解决多目标问题。一种是单目标遗传算法（SOGA），该方法通过加权求和构造一个效用函数来把多个目标函数组合成一个复合函数。另一种方法是多目标遗传算法，该方法可以找到最优帕雷托前沿（PF），它由一个目标方程的一系列解组成，在该前沿上，如果不降低其他目标函数的绩效，该目标将不能再被改进（Steuer，1986）。Martorell 等（2004）比较单目标遗传算法和多目标遗传算法，发现当有一些关于目标函数权重的先验知识时，单目标遗传算法优于多目标遗传算法，并且有更好的引导式搜索和更少的计算量。在本章的研究中，因为有室内定位系统设计的先验知识，我们采用单目标遗传算法，并且把三个目标函数聚合成一个复合的目标函数 $f(x)$，如下所示：

$$\min f(x) = \min \sum_{t=1}^{t=3} k_t f_t(x) \tag{7.24}$$

式中，系数 k_t 反映了不同目标函数之间的权衡关系。

　　遗传算法一般从一个种群开始搜索，该种群由一些随机产生的个体（解）组成，这些个体把不同类型的定位传感器布局到一些候选布局方向和候选布局点上，以满足绩效约束。遗传算法中的个体可以用一个 $n \times m$ 的矩阵来代替，其中行指的是定位传感器的候选位置，列指的是定位传感器的候选方向。如果某种类型的定位传感器被布局了，单元值就是该定位传感器的布局位置与方向信息，0 值表示其他情况。图 7.8 是定位传感器布局时的遗传算法编码。

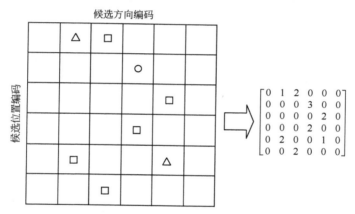

图 7.8　三种类型的定位传感器的遗传算法编码

　　通过运用诸如继承、遗传和交叉等一般方法，遗传算法产生下一次迭代的解。该过程一直重复，直到满足某一迭代次数或收敛条件。定位传感器布局问题的遗传算法程序如下：

对（不同需求下的权重）
　　{
　　随机产生 N 个可行解
　　通过 N 个可行解初始化种群
　　当（不满足终值条件）
　　　{
　　　通过选择算子随机选择 2 个个体

```
        如果（可行解满足条件）
            {
            评价并且把新的个体加入到种群中
            从种群中淘汰 2 个最差的个体
            }
        通过选择算子随机选择一个个体
        对一部分个体随机应用突变
        }
    }
```

7.4.4　遗传算法的实验结果

我们从两个目标之间权衡的简单情况开始。用一个有 200 次迭代的单目标遗传算法找到两个目标的帕雷托前沿，其中使用了动态权重聚合（DWA）的方法。表 7.4 呈现了遗传算法的参数。

表 7.4　遗传算法的参数

遗传算法中的参数	数值
最大代数	200
种群规模	30
杂交概率	0.99
变异概率	0.1
关键导航区域内目标定位精度阈值	5
一般导航区域内目标定位精度阈值	10

图 7.9 呈现了目标 1 和目标 2（即成本和定位可靠性）的帕雷托前沿。当位置识别定位可靠性大于 0.995 时，最小总布局成本为 142.2 美元。当 $k_2/k_1=700$ 时，会发现最优解和最低复合目标值。在这个比率下，布局解达到了 0.9232 的平均定位精度分辨率，定位传感器的平均覆盖数量为 4.7586。图 7.11 呈现了布局解的收敛情况。图 7.10 呈现了目标 2 和目标 3（即定位可靠性和定位时间周期）的权衡情况。在给定 0.995 的位置识别定位可靠性的情况下，对于每个目标、定位传感器的平均覆盖数量为 4.57。当 $k_2/k_3=25/3$ 时，算法可以找到最优解，此时的布局解达到了 0.9678 的平均定位精度分辨率，总布局成本为 242.4 美元。在该比率时，布局解的收敛情况如图 7.12 所示。

为了比较遗传算法和传统 INLP（整数非线性规划）求解程序的计算量。我们使用 Lingo 软件，用分支界定算法去解决小规模的定位传感器的规则布局问题，最小化定位传感器的布局数量。设定定位传感器的感应范围为 10 米，AOV 为 $\pi/3$。对于 20 个控制点，定位传感器有 30 个候选布局位置，每个定位传感器有 7 个可

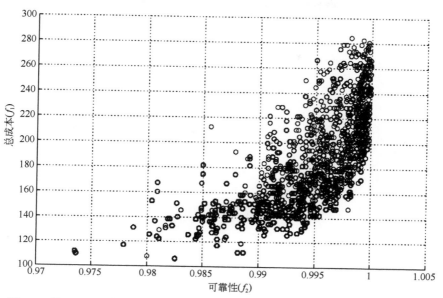

图 7.9　用 DWA 方法通过单目标目标优化问题发现总成本和可靠性的帕雷托前沿

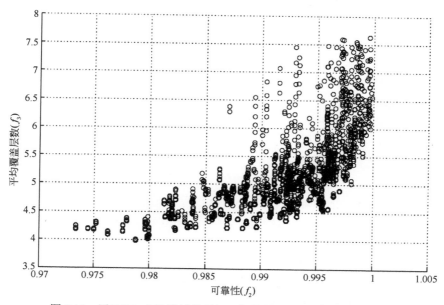

图 7.10　用 DWA 方法通过单目标目标优化问题发现服务传感器的
平均数量和可靠性的帕雷托前沿

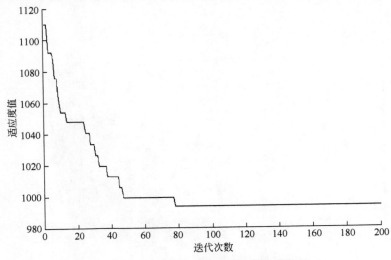

图 7.11　当 k_2/k_1=700 时最优解的收敛性能

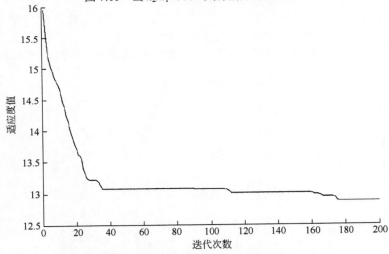

图 7.12　当 k_2/k_3=25/3 时最优解的收敛性能

能的布局方向。Lingo 需要耗费 10 个小时得到目标函数值为 28 的最优解。而 200 次迭代的遗传算法得到目标函数置为 25 的近似最优解只需要耗费 20 分钟。因此，就计算量而言，遗传算法有很大的优势。

我们也使用单目标遗传算法解决该问题，用表 7.5 中呈现的参数复合三个目标。在寻找最优解的过程中，我们限制总布局成本小于或等于 300 美元。图 7.13 呈现了布局解的收敛情况。表 7.6 呈现了本算法得到的布局解。

为了研究布局解的敏感性，我们尝试了不同的总布局成本约束来求解，结果呈现在表 7.7 中。

表 7.5 遗传算法优化时使用的参数

优化参数	数值
k_1	1
k_2	700
k_3	84
定位可靠性阈值	0.995

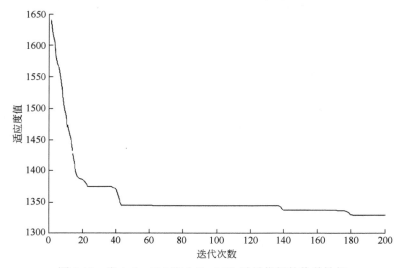

图 7.13 当 k_2/k_1=700 和 k_2/k_3=25/3 时最优解的收敛性能

表 7.6 遗传算法计算所得的布局解

优化参数	数值
总布局成本	205.2
平均定位可靠性	0.996
平均覆盖层数	4.954
平均定位精度	0.7669
类型 1 的定位传感器数量	8
类型 2 的定位传感器数量	13
类型 3 的定位传感器数量	10

表 7.7 遗传算法在不同总布局成本约束下的布局解

设计参数	总成本				
	174.6	181.8	196.2	205.2	216
平均定位可靠性	0.9902	0.993	0.9952	0.996	0.9972
平均覆盖层数	4.8276	5.046	5.046	4.954	5.2759
平均定位精度	0.7137	0.6412	0.8074	0.7699	0.6373
类型 1 的定位传感器数量	4	7	5	8	9
类型 2 的定位传感器数量	12	7	14	13	12
类型 3 的定位传感器数量	11	15	11	10	2

7.5　本　章　小　结

　　本章研究了仓库应用中的超声波定位传感器的布局问题。提出了两种布局超声波定位传感器的方法。一种方法是在三维布局的情况下采用准三维定位传感器的布局策略。在这种情形下，定位传感器可以按照不同的规则布局模式进行布局，即正三边形布局、正四边形布局和正六边形布局，并且可以按照不同的方法进行布局，如在通道的一边或两边布局。在考虑布局位置约束的前提下，本章提出一种选择最好布局模式和布局方法组合的机制。同时构建了一个多目标非线性规划模型的通用方法。这种方法考虑了总布局成本、定位可靠性和定位时间周期等因素，并提出一个遗传算法来求解该问题。数据实验结果表明遗传算法具有优良的收敛性能和计算可行性。本章同时也讨论了不同绩效目标之间的权衡关系，为三维应用环境下的定位传感器布局提供了指导意义。

第8章　基于定位服务的弹性物料搬运系统的应用展望

8.1　导　　言

提到定位服务，人们应该都会直接联想到 GPS 定位或通过 Google Map 定位，尤其目前智能手机已有相当多的程序 APP 都会连接到内置的 GPS 功能，用来完成位置定位服务。即便是没有内置 GPS 定位功能的手机，现在也能通过运营商基站的基于位置服务（location-based service，LBS）从而达到定位效果，而这就是一般大众所熟知的室外定位技术。但是如果身处地下室、大型商场、大型工厂仓库等，GPS 定位功能就无法完成正确定位，此时，在室内能够实现定位的相关技术就显得相当重要。目前，定位服务系统已经较为广泛地应用到制造和服务行业以提高工作效率与服务质量。因此，尽可能地利用现有的网络资源，低成本地实现对使用者的精准与可靠定位一直是研究的焦点。

室内定位服务是一种基于空间位置的移动信息服务，是通过获取移动用户的位置信息为用户提供包括交通引导、位置查询、地点查询、车辆跟踪、商务网点查询、儿童看护、紧急呼叫等众多服务的技术基础。近几年来，随着移动通信和移动地球地理信息技术的飞速发展，为地理空间信息的应用带来了新的机遇。它通过移动通信网络获得移动用户（自身或第三方）的位置信息（一般是经纬度坐标的数据）。在地理信息系统平台和大容量空间数据库的支持下，把交通、购物、餐饮、医疗、银行、旅游、物流等各种位置信息提供给用户，从而给用户的工作和生活带来方便。根据诺基亚提供的数据，人们有 87%～90% 的时间在室内度过。由于室内空间越来越庞大和复杂，使得停车场反向寻车、特定商品定位、定位走散的家人等变得越来越困难，这些都导致室内定位的需求面临前所未有的高涨。另一方面，行业客户对室内定位的需求也在不断提高。例如，商场、机场、车站等人流密集场所，需要高效的人流监控和动态分析手段，以提高运营效率、挖掘商业潜力；工厂需要实现生产过程追踪、智能仓储管理、自动货物搬运、自动对象加工，以达到降本增效目的；矿井和高层建筑需要在紧急状态下实时定位内部人员和设备等；房地产开发商可以通过定位技术估计商铺的人流量，从而更好地预估商铺的价值。尽管室内定位需求强烈，传统的定位技术（卫星定位、基站定位）却因技术限制，无法满足室内定位要求。随着人们活动的室内空间越来越庞大和复杂，停车场、机场、商场等场所的定位和导引需求日趋强烈。同时，智能制造、精准营销、机器人、无人医疗护理等行业也需要计算机能够在室内识别特定对象的位置。这些需求为室内定位技术（indoor positioning system，IPS）带来了巨大机会，IPS 有望成为继导航和基于位置服务（LBS）领域后下一个百亿美元量级的蓝海市场。室外定位是将人和地点打通，而室内定位连接的是人和具体的物体，将打通人与物、物与物之间的联系。未来的智慧城市、智能制造、智慧建筑应用，都将依赖室内的高精度定位能力。室内定位在人员安全管理、物品的识别管理上有很大的商业价值和发展前景。综上所述，人类的众多行为都跟室内位置信息息息相关，所以基于室内定位的服务对人的行为分析和物的商业分析都有非常重大的意义。

　　基于以上特点，室内定位技术具有很大的应用价值，总的来说，室内定位服务主要用来解决两个问题。第一，室内精确定位/导航。在室内，室外定位服务信号弱，不能穿透建筑物，导致定位/导航不精确。室内定位服务采用无线通信、基站定位等技术，形成一套室内定位体系，实现人员、物体在室内的快速精确定位与导航。第二，大数据分析和个性化营销。传统的商业数据一般来自调查问卷或人工统计，数据有限，不是大数据，而且也不能提供顾客的位置信息。而室内定位系统可以进行更大量级、更高精度的大数据分析，将用户的位置与行为及行为背后的兴趣与偏好紧密联系起来。因此，对室内定位数据进行挖掘与分析具有极大的应用前景和商业价值。只要加以整合分析，室内定位数据可以捕捉用户在某个货架或者店铺的停留时间、光顾频率，从而得出用户的类型、兴趣和偏好等特质，以及店铺热度、品牌关联度等重要结论，为商业分析提供有力的工具。室内定位服务将用户的位置信息和消费数据或偏好相结合，挖掘用户需求，进行个性化营销，实现室内定位服务的价值最大化。

8.2　应用领域展望

　　室内定位服务主要有以下应用领域。

1）传统制造业

　　传统制造业一般都是劳动力密集型产业，如冶金业、纺织业、电子制造业等，这些行业中直接劳动力成本占企业成本的很大比例，而且产品质量方面也有很大差异。随着经济的发展和人们生活水平的提高，顾客对产品的个性化需求越来越强烈，每种产品的订单越来越小。传统的制造系统启动和转换成本很高，这极大地压缩了制造商的利润空间。因此，传统行业面临着转型与升级，以满足顾客的多样化需求。基于室内定位服务的弹性物料搬运系统，具有很大的柔性，可以帮助劳动密集型企业降低直接劳动成本、提高产品质量、减少库存、快速响应客户需求、增强企业竞争力。最重要的一点是弹性物料搬运系统可以帮助企业实现规模经济效应。例如，顾客个性化需求高但产品批量小的服装行业，此时弹性物料搬运系统可以帮助实现弹性制造和大规模化定制，实现规模经济效益。

目前，"工业 4.0"的概念引起越来越多的关注，该概念是以智能制造为主导的第四次工业革命，是一种革命性的生产方法，旨在通过充分地利用信息通信技术和网络空间虚拟系统——信息物理系统相结合的方法，将传统制造业向智能化转型。对于全球物流行业来说，"工业 4.0"给我们带来更多的还是供应链的创新与优化，尤其是新的管理方式和思维方式来指导我们的行动。通过产品之间的网络连接，我们还能大大简化项目管理的复杂程度，并极大地提升管理效能。因此，"工业 4.0"的实现需要"物流 4.0"的支持，尤其是智慧工厂物流和智慧供应链，其核心是智慧工厂物流。智慧工厂物流包括智能制造与厂内物流两个部分，并且放入整个制造与物流的规划当中。智慧工厂由机器构成的团体将自行组织，设备和被处理对象将自动相互协调，从原料入库到最终变为成品，每一道工序中的自动化设备都能从被处理对象处获取相关数据，以用于确定自身工作流程。智慧工厂内物流的关键是将已经柔性化的物流智慧化。传统制造业想要从目前的困境中突围，需要智慧工厂的支撑。通过智能工厂完成生产制造过程，有效地解决定制产品周期长、效率低、成本高等问题。基于此，在智能工厂里企业可以与客户实现沟通，客户也可通过多种方式参与到产品制造过程中。在"工业 4.0"时代，随着信息技术向制造业的全面渗入，可以实现对生产要素的高灵活配置和大规模定制化生产，由此颠覆传统生产流程、生产模式及管理方式。在传统工厂的生产过程中，一台机器的零部件少则数百个，多则成千上万个，其中一部分由供应商提供，一部分由企业自产。但是，一个企业如果需要上百个供应商，短期交货、控制成本将是一件非常困难的事。当下传统制造业面临的一个困境——用户的需求越来越难预测，商品库存使企业经营越来越艰难。因此，通过智慧工厂不仅可以实现供应商与生产商的无缝对接，而且可以让工厂由大规模制造向大规模定制转型。目前，"中国制造 2025"要实现从制造大国到制造强国的目标，本质上就是要大力发展以先进制造业为基础的实体经济。不论是"工业 4.0"还是"中国制造 2025"，智慧工厂的实现需要搬运设备能准确定位物料以及工作站的位置，并及时根据工作的状态和需求实现智能的物料搬运。然而这些功能的实现离不开室内的位置信息服务，因此，以室内定位服务为基础的智慧物流对于传统制造业的发展至关重要。

2）地下采矿和救灾

在美国，采矿一般是露天作业，普通的室外定位服务，如 GPS 就可以解决定位问题。但是，在我国采矿通常是地下作业，室外定位服务失去了作用，这时室内定位服务在灾难救援方面就发挥出了重要作用。中国煤炭网的统计数据表明，在 2009 年，我国有 2700 人死于煤矿矿难，而美国只有 34 人，我国的数据大约是美国的 79 倍。近年来，虽然矿难事故数量和死亡人数不断下降，但是总数依然很大。根据统计数据，2008 年，中国煤矿百万吨死亡率为 1.182，但美国 2004～2006 年百万吨死亡率分别为 0.027、0.021 和 0.045。造成中国煤矿死亡率过大的一个重要原因就是矿难发生后，救援工作困难。在这里，室内定位服务为矿难救援的顺利进行提供了帮助。首先，室内定位系统通过发射信号识别生命迹象的方位和距离；其次，救援工作人员或者配备有室内定位服务的机器人可以根据反馈信息的指导，迅速开展工作直到救援成功。室内定位服务在采矿业的应用，将在很大程度上降低矿难死亡率。

中国是地震频发的国家之一。当地震发生时，拯救生命是第一要务，救援的关键是快速确定受灾人员的位置，尤其是建筑物等受地震的影响，与原来结构和布局相比发生较大变化时，盲目救援不仅会浪费宝贵的救援时间，也会威胁救援人员的安全。室内定位服务在倒塌的建筑物或覆盖物下寻找生命方面显示出了巨大优势，在减少死亡人数、提高救援效率方面远远优于室外定位服务。

火灾是最经常、最普遍地威胁公众安全和社会发展的主要灾害之一。在发生火灾等紧急情况时，由于高层楼层之间的空间小、出口少等结构特性，受困人员逃生往往很困难。传统的被动引导逃生方式中信息获取有限、易产生人群聚集等缺点。基于室内定位服务系统，可以实时进行人群密度检测与环境信息采集，并进行路径导航。该系统能很好地提高定位精度，避开火灾点，增大每个人的逃生成功率，为室内逃生、救灾导航方案提供了新的思路。

　　3）电子商务

室内定位服务在电子商务领域的应用，主要集中在电商配送中心。以亚马逊的 Kiva 机器人为例，这些机器人按照订单，拣选客户购买的商品，将这些商品放在箱子中包装好，送往下一站，这和普通拣货员的工作流程没有什么不同，但最引人注意的一点是从人工拣货到发货要 1 个半小时，现在 Kiva 只要 15 分钟就能搞定。Kiva 机器人沿着亚马逊仓库地板上的条形码行走，这样就不会互相碰撞。当 Kiva 机器人拣选了正确的货架后，它们会排着队等待取货，这大大提高了工作效率。

亚马逊在加利福尼亚州的 10 个仓库中部署了这种机器人。在这些机器人的帮助下，亚马逊才能够将客户从数百万商品中选购的货物及时送至他们手中。和其他电商一样，亚马逊提前一周开启了"黑色星期五"的促销活动，就这样迎来了一年中最繁忙的"网购星期一"。亚马逊透露，2013 年，全球客户网购了超过 3680 万个商品，亚马逊平均每秒会收到 426 个商品订单。在机器人的帮助下，每笔订单的发货都能提前 1 个小时。

在中国，电子商务发展尤其迅速，"双十一"是全民消费的狂欢日，根据统计，2015 年"双十一"的交易额为 912 亿元人民币，而此交易额背后是 4.67 亿的物流订单，该数据是 2014 年"双十一"当天订单总量的 1.7 倍。如此大的订单量给物流配送中心造成了巨大的压力，此时，基于室内定位技术的系统或机器人，将会在很大程度上提高配送中心空间利用率、作业效率和订单信息管理水平。以京东的"亚洲一号"为例，该系统具有三个明显的特点。第一，所有的商品集中存储在同一个物流中心的仓库内，这可以减少跨区作业，从而提升客户满意度、降低成本。第二，快速完成商品的拆零和拣选，自动合并属于同一订单的商品。第三，利用自动化设备进行订单快速分拣，以确保分拣效率和准确性。借助室内定位服务，电子商务企业可以有效地平衡效率和成本的问题，成功地规避了库存商品品种繁多、件型大小不一等缺点，在未来必将获得更大的发展空间。

4）机场

当旅客在陌生的机场等待登机时，室内定位服务可以为旅客提供更好的服务。旅客通过互联网或手机应用平台下载相应的客户端，就可以享受目标检索、室内导航、附近商店信息、航班动态信息提醒、应急措施通知等个性化服务，从而能够提前规划好在航站楼内的行走路线和消费活动，减少不必要的停留和寻找时间，让旅客得到更好的服务体验。以机场中转流程导航为例，由于机场的结构和布局各有差异，旅客通常在机场中转时找不到目的地。但是通过采用室内定位服务的客户端，以可视化的图形界面给予旅客准确、个性化的引导，从而解决机场中转问题。

室内定位服务在机场的另一个用途是导流。很多旅客尤其是第一次乘坐飞机的旅客进入航站楼后都有迷失方向的感觉，在使用室内定位技术后，旅客可以随时随地获得自己在航站楼内的位置信息和拥挤度信息，输入目的地信息后就可以得到最优路径，节省时间并根据提示直接到达目的地。在机场内采用室内定位服务，为旅客创造了一个简单、顺畅、便捷的服务体验。

5）移动广告

随着移动互联网的快速发展，越来越多的广告主把目光投向了移动领域，各种品牌的移动广告平台在不断涌现，室内定位服务在移动广告领域拥有广阔的应用前景。据美国互联网广告局的统计，2012 年，全球移动广告营业收入为 89 亿美元，比 2011 年的 53 亿美元增加 67.9%。室内定位服务根据用户的上网习惯等大数据，分析用户偏好，预测用户需求，结合用户的历史位置和现实位置，帮助商家向潜在客户推送针对性、个性化的广告和信息。例如，当用户经过某商场时，商家就可以通过 APP 等平台向用户推送品牌信息、新品导购信息，以及优惠、团购等营销信息，从而精准地满足用户需求，影响客户消费。借助室内定位技术，可以知道顾客何时身处建筑物之中，就像电子商务的运营方，会知道网络用户何时浏览它的主页一样。商家如今也能向购物者提供独特的服务，这将会为他们的经营和客户关系管理带来新的附加值。此举将促使一个更有效率的位置服务市场，在合适的时间和地点，向顾客发送正确的信息，最终把电子商务实时地带入到真实的世界中来。目前，常见的移动广告形式大致分为五大类：图片类广告（banner、插屏、全屏）、富媒体广告（缩小、擦除、摇一摇等）、视频广告（角标、贴片）、原生广告（信息流、激励类等）、积分墙广告，同时，移动广告可以按照不同的维度细分为：人群定向、行为定向、LBS 定向、运营商定向、Wi-Fi 定向，以及设备型号、操作系统、使用时间等进行精准的定向，这种定向方式可以进行组合，多重叠加之后在精准性上就有更大的保证。相信随着这一领域的不断扩大，未来还会有更多的平台和更新的广告形式出现。

6）商业大数据分析

室内定位系统可以进行更大量级、更高精度的商业大数据分析，通过探索用户的位置与行为及行为背后的兴趣与偏好之间的联系来挖掘商业价值。只要加以整合分析，室内定位数据可以捕捉用户在某个货架或者店铺的停留时间、光顾频率，从而得出用户的类型、兴趣和偏好等特质，以及店铺热度、品牌关联度等重要结论，为商业分析提供有力的工具。室内定位服务将用户的位置信息和消费数据或偏好相结合，挖掘用户需求，进行个性化营销，实现室内定位服务的价值最大化。

7）养老

当前，中国正步入老龄化社会，同时，老年人从子女处获得的赡养越来越少，因此，老年人需要通过自动化技术来帮助他们执行大多数的日常活动。图 8.1 是对我国老龄化人口比率的预测。

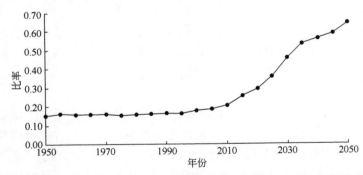

图 8.1　中国老年人口（60 岁及以上）数量/工作人口（20～59 岁）数量的预计比率

养老院主要是为老年人提供集体居住，并有花园、健身场所、娱乐场所、休闲场所等配套服务设施。因为场所的面积比较宽阔，服务人员无法顾及每个位置的老人，老人的安全问题给管理带来了不少的困难。基于室内定位服务的系统，集定位、追踪、监控、报警等功能于一体，可以有效地解决和改善各类安全问题，该类系统一般有如下功能：

（1）实时定位。根据老人佩戴的多功能胸卡，在养老院内可对老人当前位置进行实时定位，并在电子地图上显示。管理人员在电子地图上动态掌握院内老人的数量和分布情况，及时排除各种安全隐患。胸卡可以间歇地向监控中心发送即时情况，一旦老人的信息没有上传到监控中心，会发出警报提醒。

（2）轨迹追踪。系统可以全天候地记录所有老人经过的时间和地点，可对老人的运动路线进行跟踪和回放，掌握其详细活动的路线和时间，工作人员可以查看老人在先前阶段的活动轨迹，及时处理突发情况。

（3）求助报警。老人需要帮助时，只要按下胸卡上的紧急呼叫按钮，然后平台就会收到报警信息，及时显示所在的位置，护理人员可以根据信息准确定位，快速响应，及时准确地找到老人。如果老人出现病发状态，系统可以根据情况很快调出老人的病例、健康记录和生活记录等，能够及时准确地对这种突发情况提供信息。

（4）危险区域自动报警。因考虑到老人的自理能力不足，活动院所或楼内某些区域标记为危险区域。当有老人接近这些区域时，会立即向监控中心进行报警，同时会启动危险区域的声光报警和视频监控，以提示老人注意安全，同时也会触发监控中心的报警功能，提醒管理人员及时处理。

（5）周界报警。在养老院各出入口和边界围墙建立红外周界报警系统。当外人闯入或老人擅自离开时，自动向监控中心报警。

另外，对于在家里养老的老年人、退休人员，基于室内定位技术的机器人可以照顾老人起居，干一些日常家务，如洗衣、打扫卫生等。室内定位服务在养老领域的应用，满足了客户需求，缓解了社会压力，具有很大的发展潜力。

8）军事领域

军用市场是导航与定位技术的重要应用领域。军用设施、装备的管理、场景监控、武器试验、军事训练以及室内外无缝导航与定位、军用信息化管理系统都离不开高精度的定位服务。相对于比较成熟的室外定位，高精度的室内定位技术对提高国防实力具有特殊的意义。

另外，对于公共安全事件，如人质劫持、恐怖袭击，可以及时了解建筑物内的情况，快速确定人员的分布，能为事件的快速解决提供很大的帮助。同时，反恐部队在进入建筑物执行任务或进行巷战时，室内定位技术能够帮助士兵确定自己和队友的位置，有利于战术上的协同与配合，提高任务的执行效率和安全性，维护国家和公民安全，保护世界和平。

9）水下应用

室外定位服务在水下作业领域往往不能发挥作用，这时需要室内定位服务来弥补其劣势。最常见的水下应用是游泳池，通过室内定位服务，可以提高安全性。如果发生人员溺水，可以很快发出溺水人员的位置信息，这样可以快速进行救助，减少救援反应时间。另外，潜水也是室内定位技术的一个重要应用领域。在潜水时，室内定位服务可以帮助潜水人员熟悉水下情况，提高安全性。还有就是水下施工，通过配备具有室内定位服务功能的机器人或搬运设备，可以提高工程质量，高效完成人力所不能及的工作。

室内定位服务几乎可以运用在所有领域，因为它是自动化技术的产物，其出现就是为了帮助解决人类不能完成的作业或者高效地替代人力以提高工作效率。

8.3 应用设计分析

基于室内定位服务进行开发应用，一般遵循以下流程：需求预测和供给分析、选择技术、设计开发、可行性分析、优化改进等。

室外定位服务十分普及，但其缺点也是显而易见的：不能在室内工作，定位精度和及时性不能令人满意，而且成本昂贵。由本章第二部分的分析可知，目前室内定位服务的应用领域十分广阔，预计未来的需求将会非常大。从用户对室内定位服务的要求方面看，一种室内定位系统应该具有以下功能。第一，室内地图浏览功能，用户可以根据自己的意愿对当前界面进行放大、缩小、拖拽和归位等操作。第二，信息查询功能，用户根据自己的兴趣，通过关键字查找特定范围内的服务。第三，定位功能，基于室内定位服务的应用应该具有自动定位和手动定位的功能。第四，路径生成功能，系统根据用户输入的起始点和途径点，自动生成最短路径，该功能在救灾方面有很大的用途。目前市场上的一些室内定位系统基本上具有这些功能，但是在更专业的应用领域，如企业生产、军事领域，满足特定需求的系统还是很少的。

目前室内定位技术可分为：RFID、Wi-Fi、蓝牙、ZigBee、红外线等室内定位技术。

（1）RFID 定位技术。为利用无线电波来传送识别数据的系统，应用的层面十分广泛，RFID 是一种先进的无线识别技术，通过商品上的微芯片标签，可将信息连至计算机网络里，用以识别、追踪与确认商品的状态。每一个标签都有独特的 ID 码，能够提供充足的产品信息。利用无线电扫描仪监视每一个芯片的状态，以识别、追踪、排序和确认各式各样的对象。

（2）Wi-Fi 定位技术。是采用三角定位的方式，也就是通过移动设备和三个无线网络热点的无线信号交流，以便识别移动设备目前所在的位置，不过移动设备与三个无线热点之间的距离不尽相同，所以表现在无线热点上的移动设备信号强度会有差异，但仍可借助差分进化算法，比较准确地定位。通常 Wi-Fi 定位会对无线网络提出较高的要求，当网络热点分布得越密集，定位的精度就越高。

（3）蓝牙定位技术。其优点是在移动设备中容易整合，所以此定位技术易于推广与普及，亦是一种低功耗且短距离的无线传输技术，可以让终端设备的工作时间更长，能够通过测量信号强度的方式进行定位。目前室内定位联盟主推蓝牙定位技术方案，因为使用蓝牙低功耗天线数组三角定位以及追踪蓝牙设备标记来实现，比起 Wi-Fi 三角定位的效率更高，加上所需成本更低，一般有内置蓝牙功能的手机就能够执行定位功能。现阶段蓝牙定位技术主要应用在小范围定位。

（4）ZigBee 定位技术。是一种短距离、低速率无线网络新兴技术，其最大特色是低功耗以及所需的成本不高。ZigBee 能在数千个微小的传感器间相互协调通信以进行定位。感应器仅需极少的能量就可以将数据从一个传感器传送到另一个传感器，通信效率良好。

（5）红外线室内定位技术。红外线的传递速率虽快，但也容易因室内温度的变化而改变传递质量，加上红外线对于温度的影响远比其他光线大，所以传输频宽容易因为环境或其他红外线设备而受到限制。再加上红外线的穿透度不高，易被障碍物所阻挡，所以传输距离通常不会超过 5 米。但在 IrDA 组织的努力下，其传输速率比起以往已提升不少，目前传输速率可达 16 Mbps，接收角度亦可达 120°。基于以上技术的特点，实际应用中可根据需要进行选择。

在室内定位服务设计开发阶段，要根据不同的功能模块进行开发流程设计。在定位模块中的设计流程一般是：用户触发定位功能、定位技术读取并分析信号、解析信息、信息显示。路径生成模块的设计流程一般是：用户触发路径生成功能、系统读取并判断起点和终点信息、路径生成。其他模块的开发设计具有相似的逻辑。

应用开发完毕后，接着需要进行可行性分析。可行性分析需要考虑定位精度、定位可靠性、成本效益等指标。对于满足要求的应用就可以向市场推广。如果不满足可行性分析的指标，就需要进一步的改进优化，直到满足设定的指标。以下以地下采矿、制造业和电子商务为例，具体说明基于室内定位服务的应用设计开发过程。

在地下采矿业，定位传感器可以引导地下采矿的物料搬运小车，实现自动化物料搬运，同时可以实现物料和人员的实时追踪，从而减少事故发生时的人员伤亡。由于地下采矿通道的自动引导车运动的特殊特征，在不同的方向有不同的服务要求。在前后方向，主要是避免与其他小车碰撞并最小化错误碰撞信号诊断，特别是在上下坡时的布局设计。在左右方向，一方面要求能引导小车沿着通道运行，另一方面要求能避免平行车辆的碰撞，特别是能绕开损坏在通道的小车。基于地下采矿通道的特殊性，本问题具有如下特点：传感器不仅布局在周围环境，同时也考虑在车上布局；由于在不同方向有不同的定位要求，因此对不同方向的定位采用不同的技术，譬如前后方向采用无线网络技术，左右方向采用超声波技术；在弯道与上下坡时如何最小化错误碰撞信号诊断；从系统成本角度考虑定位传感器布局的必要性。在该问题中，应用设计需要满足下列要求：在前后方向满足一定的追踪精度；左右方向满足一定导航精度；满足一定的定位与导航可靠性；满足一定的碰撞误报率；最大化物料搬运系统的可靠性；最小化物料搬运的系统成本。

在制造业中，弹性物料搬运系统的设计，要解决困扰传统制造业的如下问题：搬运费用占总产品成本的 15%~70%，占生产费用的 30%~40%；物料搬运设计企业 25%雇员的工作，占有 55%的工厂空间和 87%的生产空间；3%～5%的产品由于搬运不当而受损；50%以上的工伤事故源于物料搬运。因此，在系统设计阶段需要考虑如下问题：通过有效的搬运方式降低搬运成本；改善工厂安全和工作状况；改善设施使用效率；改善制造流程；增加生产能力。

在电子商务中，配送中心的物料搬运系统设计需要考虑以下问题：系统可在三维空间内布置，以充分利用空间，节省地面场地使用；系统可从事复杂作业；集成订单拣选、运输和配送等功能；系统的可靠性和稳定性；成本最小化。

8.4　本 章 小 结

现有的室外定位导航应用均建立在我们非常熟悉的 GPS、北斗等卫星定位导航基础上，这些技术在室外已经达到了米级精度。但是，当我们的活动进入室内时，由于卫星信号功率较低，无法穿透建筑物等固体障碍，且由于一些遮挡的存在，这些传统的位置服务应用无法为我们提供定位和导航，这时室内定位就有了用武之地。除了寻找车位外，只要是在封闭空间内部，室内定位皆有它的应用场景：矿井人员导航、仓储物资定位、老人小孩行动监护、消防抢险快速定位目标等，更为广阔的是，大型商场、体育馆等商业场馆中室内定位与移动应用的结合，可形成更多新的应用，包括商家可以通过场馆内用户位置数据的统计分析来获取消费者的行为习惯；通过设定地理围栏为消费者推送有价值的商业信息和广告；为消费者提供实时地图导航服务等。

室内定位服务的重要性已经得到了广泛认可。目前其在安防、仓储、养老、监狱等领域已有广泛应用，解决了这些行业中长期存在的问题，室内定位服务商为这些行业客户提供包含硬件布局在内的解决方案，并帮助其进行数据技术服务，相信在未来会具有更广阔的发展前景。

第9章 总结与展望

本书研究基于室内定位服务的弹性物料搬运系统设计和评价,特别是研究室内定位服务系统中的关键问题:定位传感器的布局设计。在个性化需求和电子商务快速发展的大环境下,企业的生存环境发生了巨大变化,市场的不确定性,客户需求的多样化,以及产品的生命周期越来越短,使得竞争愈来愈激烈,弹性制造以及电商仓库的运营面临巨大的挑战。将室内定位服务引入到弹性物料搬运系统的设计中,不仅可以帮助生产企业实现弹性制造和降低成本,同时可以帮助电商企业优化物料搬运流程,极大地提高了企业的运营效率和顾客服务质量。

首先,本书研究基于室内定位服务的弹性物料搬运系统设计和评价。个性化需求带来了大量的产品扩张和频繁的产量变化的挑战,弹性制造已经被视为应对这些挑战的主要解决途径之一。本书通过对现有物料搬运系统的比较,结合人工搬运系统和固定轨道自动引导车搬运系统的优势,设计了一个基于室内定位服务系统的无轨物料搬运系统。然后以产品差异化程度高和需求快速变化的服装制造业为例,提出了一套方法论来比较研究本书所设计的无轨弹性物料搬运系统和市场上较为广泛使用的固定轨道弹性物料搬运系统的运营和经济绩效。基于我们的分析,本书提出的无轨弹性物料搬运系统与固定轨道的系统相比,有着明显的运营优势。通过基于组件的成本估计方法和修正的成本作业法来估计采用弹性物料搬运系统的增量成本,从内部收益率和回收期的角度分析了无轨弹性物料搬运系统的经济绩效。研究结果表明,采用无轨弹性物料搬运系统具有可观的内部收益率和较短投资回收期。

其次,本书研究无轨弹性物料搬运系统中的关键部分的设计,即室内定位服务系统中的定位传感器布局设计。基于定位精度尤其是定位可靠性方面的传感器特征和应用条件,我们通过优化方法研究在目标物平面上方的传感器布局策略。首先在考虑不确定感应与定位服务质量要求的条件下研究三种常用的规则布局模式:正三边形布局、正四边形布局和正六边形布局模式的布局优化问题。结果表明,最佳布局边长被几何约束和定位可靠性约束所限制。然而,对于具有高精度要求的正六边形布局模式,最佳布局边长受定位精度要求约束的上界所限制。通过对三种布局模式的对比,结果表明在宽松的精度要求下,正三边形布局模式是最好的;当精度适中时,正四边形或正六边形布局模式最好的;如果精度要求很高,只有正六边形布局模式是最好的。随后,本书研究定位传感器的布局方向对布局绩效的影响。分析显示,通过调整定位传感器的布局方向,正六边形布局模式是最好的选择，同时单个定位传感器的覆盖范围的提高与定位传感器的布局高度呈负相关。在正三边形布局模式、正四边形布局模式和正六边形布局模式下规则 NPP 布局方法与规则 PP 布局方法的布局绩效的比较与定位传感器的布局高度系数有关。当定位传感器的布局高度系数增加时，放松定位传感器的布局方向约束的优势降低。而且，在正六边形布局模式中，规则 NPP 布局与非规则 NPP 布局的覆盖系数是相似的，但是规则 NPP 布局能节约超过 85% 的定位传感器基站数目，这使得定位传感器的部署和运营具有成本效益和实用性。最后，针对仓库应用中的三维布局问题，分别提出基于准三维布局的通用方法以及一般的多目标非线性规划方法来研究该问题，并对布局绩效和计算复杂度进行对比。本书的研究为我们以后对基于室内定位服务的弹性物料搬运系统的研究奠定了坚实的基础。

　　本书的主要创新点包括以下几个：

　　（1）大规模定制席卷了很多行业，如酒店服务业、信息产业尤其是制造业。本书从弹性并快速地响应顾客需求的能力角度，发现多样性的扩张给制造业系统施加了巨大的压力。因此，为了实现大规模定制，弹性制造系统必须被部署。作为弹性制造系统的关键部分之一，弹性物料搬运系统对于弹性制造系统的实施具有战略意义。从而，弹性物料搬运系统的设计和计划在大规模定制下的生产计划中被视为重要的问题，本书从实际情况出发，充分结合自动化物料搬运系统的效率优势和人力搬运系统的弹性优势，设计了一个基于室内定位服务的自动化弹性物料搬运系统，为解决大规模定制问题提供了一种更优的解决方案。

　　（2）随着自动化技术的提升，物料搬运系统对于现代制造业是至关重要的，可以帮助生产扩张和提高生产效率。本书提出一系列物料搬运系统运营绩效分析的指标体系来衡量比较无轨弹性物料搬运系统与规定轨道系统的优劣。最后，进行蒙特卡罗模拟，预期的结果得到呈现。这种新型系统是对传统物料搬运系统的改进，更符合实际情况，更具一般性。

　　（3）在弹性物料搬运系统的应用中，成本估计一直是一个难题，本书提供一种估计弹性物料搬运系统投资减少的增量成本的方法，尤其是无轨物料搬运系统，因为对于一种新型系统，其安装成本和运营成本无从调查，基于传统的成本作业法，本书提出了一种新颖的改进方法：修正的作业成本法，很好地解决了新系统的成本估计问题。紧接着研究了在服装行业中采取这类弹性物料搬运系统的经济可行性，以及与诸如大批量定制和劳动力成本增加相关的关键成本要素的敏感性分析，证明该方法的有效性。

　　（4）室内定位服务正被广泛应用于制造工厂、仓库、机场、商场、医院等地方，以定位和追踪物体。一个精心设计的室内定位系统对提高弹性的制造环境的效率，提升服务行业质量至关重要。本书融合定位可靠性，运用信号传播理论建立不确定感应模型；同时，调查定位要求，如传感器布局性能的精度和可靠性，这使得每个传感器布局策略的能力可以被证明并指导传感器布局设计的实际应用。本书研究一个新型的传感器布局问题，即布局方向性传感器在正确地适应高度和位置以满足定位服务要求的前提下最小化布局成本。最后通过数学研究的方法，开发了以简单实用的优化模型来决策最优规则布局策略而不是传统的随机布局策略，有效避免了大型计算问题，证明在传统布局策略的基础上，考虑不确定感应以及定位可靠性对布局策略的影响。

（5）本书融合定位可靠性，运用模拟使用信号传播理论的 SPL 距离测量法的概率可靠性而不是随机函数；同时，调查定位要求，如传感器布局性能的精度和可靠性，这使得每个传感器布局策略的能力可以被证明并指导传感器布局设计的实际应用。本书的研究将可靠性融合到准三维条件下，具有有限感应范围和感应角度且有合适传感器高度的超声波传感器布局中。最后通过数学研究的方法，优化规则布局策略，并研究定位可靠性对布局绩效的影响。

（6）超声波定位系统在应用环境中对提高效率和效益必不可少，其中设计超声波定位系统的一个关键问题是定位传感器布局。如果放置太少的定位传感器，某些区域不能被覆盖；然而，如果有太多的定位传感器被放置，定位传感器成本会非常高，并且每一个目标将通过众多定位传感器覆盖，用于动态定位时估计每个目标产生的延迟时间会非常大，因而研究定位传感器的布局策略对于在超声波定位系统中决定正确的定位传感器数量和正确的位置有重要的价值。本书中，在声压级存在随机噪声中，考虑目标侦测存在概率的特性来更进一步提高定位的可靠性。在实际应用中，准三维的定位传感器是最常见的，其中，具有相应高度的定位传感器与该目标移动平面相比总是受限于一定的平面。此外，从合格覆盖区域的准确性和精确性的角度对定位传感器布局进行了研究，通过规则平面和随机布局相同数量的定位传感器，发现随机布局定位传感器优于规则布局。本书致力于研究考虑定位传感器方向对定位传感器布局性能的影响。更进一步，我们的探索群集（clustering）定位传感器的潜在优势，我们通过群集扩大了定位传感器感应范围，即每个布局图中形成一个具有更大的锥角的定位传感器。

（7）随着电子商务的发展，基于室内定位服务的弹性物料搬运系统在仓库中的应用日益引起关注，但是目前关于该类研究较少，而本书研究室内定位服务在仓储系统中的应用，通过基于室内定位服务的弹性物料搬运系统去满足顾客多样化需求，减小市场不确定性，具有很强的理论创新性。本部分内容的编写很好地适应了电子商务的发展，理论领先于实践，因此具有很强的指导意义和应用前景。

（8）基于信号处理理论以及信号在空气中的传播理论来建立感应距离与不确定感应概率的关系，借助组合数学建立定位可靠性模型。然后通过可靠性理论描述定位或导航服务的可靠性，最后把导航服务的可靠性考虑到定位传感器的布局问题中。

（9）本书从技术发展的实践中提炼科学问题并展开研究不确定感应下的定位传感器布局问题是我国众多制造企业和服务企业关注的问题，这个问题在现实中有着广泛的应用，又涉及比较前沿的优化理论和方法。研究的问题都是非常贴近实际应用的，这对推广用先进的运筹技术、传感器定位服务来服务社会有着良好的示范意义。

自从弹性制造引起企业的重视以来，各种基于弹性制造的弹性物料搬运系统被开发了出来。但是随着电子商务的发展，许多已经开发出来的系统并不能很好地满足顾客多样化和大规模定制的需求。

为了让弹性物流搬运系统的研究受到更广泛的关注，在以后的研究中需要更多考虑到实际应用。在国内，关于室内定位服务的弹性物料搬运系统的研究还不是很多，没有引起足够的重视，特别是弹性物料搬运系统设计这一方面，主要有两个原因：其一，企业管理者对问题的重要性认识不足，导致这方面研究的迟滞；其二，研究和实践之间的脱节，导致许多研究者没有认识到企业的实际需求。因此除理论研究外，以后的研究更要关注研究成果的实际应用，本书中的研究成果在低碳、灾难救援、水库、仓储等领域都得到较好的应用。希望今后将该研究成果扩展到更多有益于社会发展的领域，如大气污染监控、水源污染监控、矿井采煤或采油以及现代服务行业。总之，以后的研究方向应该针对不断出现的实际问题，结合实际情况进行研究。尤其是，近年来电子商务的迅猛发展，在复杂的市场环境和激烈的竞争面前，如何提高电商企业的竞争力成为企业发展的战略问题。同时对互联网+和工厂内的智慧物流提出了新的要求，因此，针对不同企业的实际情况，开发不同系统，满足其特殊要求，才能使企业不断适应市场环境和顾客需求的变化，占领竞争的制高点。

参 考 文 献

陈卫东,徐善驾,王东进.2006.距离定位中的多传感器布局分析.中国科学技术大学学报,36(2):131-136.

成耀荣,刘丰根,梁波.2011.物流园区物流设备选型及数量优化研究.武汉理工大学学报(交通科学与工程版),1:38-41.

陈锦祥,周炳海.2013.整体式晶圆连续自动物料搬运系统性能分析.计算机集成制造系统,19(6):1313-1320.

陈志宗,尤建新.2006.重大突发事件应急救援设施选址的多目标决策模型.管理科学,19(4):10-14.

代文强,徐寅峰,何国良.2007.占线中心选址问题及其竞争算法分析.系统工程理论与实践,10:159-164.

方磊,何建敏.2005.城市应急系统优化选址决策模型和算法.管理科学学报,8(1):12-16.

葛春景,王霞,关贤军.2011.重大突发事件应急设施多重覆盖选址模型及算法.运筹与管理,20(5):50-56.

胡丹丹,杨超,刘智伟.2010.带有响应时间承诺的选址-分配问题研究.管理科学,23(1):114-121.

梁双华,汪云甲,魏连江.2012.考虑可靠性的矿井瓦斯传感器选址模型.中国安全科学学报,22(12):76-81.

刘艳,刘贵杰,刘波.2010.传感器优化布置研究现状与展望.传感器与微系统,29(11):4-6.

马云峰,杨超,张敏,等.2006.基于时间满意的最大覆盖选址问题.中国管理科学,14(2):45-51.

缪瑟 R,哈格纳斯 K.1987.搬运系统分析.陈启申译.北京:机械工业出版社.

潘文军,王少梅.2003.基于神经网络的聚类分析方法及在港口设备配置中的应用.交通与计算机,5:44-47.

屈波,杨超,马云峰,等.2008.基于时间满意的覆盖问题及混合遗传算法实现.工业工程与管理,1:31-36.

宋伯慧,王耀球.2006.装卸搬运设备配置优化研究.物流技术,7:145-147.

王非,徐渝,李毅学.2006.离散设施选址问题研究综述.运筹与管理,15(5):64-69.

王国利,胡丹丹,杨超.2011.需求和供应不确定下的选址研究.工业工程与管理,16(1):74-78.

翁克瑞,杨超,屈波.2006.多分配枢纽站集覆盖问题及分散搜索算法实现.系统工程,24(11):1-5.

吴立辉,张洁.2013.晶圆制造物料运输系统性能分析建模方法.计算机集成制造系统,19(8):2043-2049.

邬万江,江丽炜,贾元华.2008.物流中心机械设备数量配置方法研究.交通标准化,5:63-66.

杨丰梅,华国伟,邓猛,等.2005.选址问题研究的若干进展.运筹与管理,14(6):1-7.

杨秋霞.2005.企业生产物流中物料搬运方式的优化.物流技术,6:78-79,90.

殷延海.2009.物流中心在选购常用物流设备时存在的问题及对策.商场现代化,15:74-76.

张凯，席一凡. 2010. 物流设施设备维护修理费用最优化研究. 物流技术，Z1：198-200.

张乔斌. 2010. 基于灰色关联度和 SVM 舰船设备维修费用预测. 计算机与数字工程，38（10）：15-18.

张育益，刘先锋，王桂强. 2005. 基于经济性评价的物流机械设备配置模型研究. 物流技术，9：60-62.

张宗祥，杨超，陈中武. 2012. 基于服务质量水平的随机逐渐覆盖模型与算法. 工业工程与管理，17（5）：35-40.

郑岩. 2014. Interbay 物料自动搬运系统性能分析. 电脑知识与技术：学术交流，1：202-206.

周炳海，陈锦祥，赵猛. 2015. 基于晶圆优先级的连续型 Interbay 搬运系统性能分析. 浙江大学学报（工学版），2：296-302.

朱登洁，吴立辉. 2014. 基于排队网络的晶圆制造自动化物料运输系统性能模型. 计算机集成制造系统，（9）：2265-2274.

Aldrich J. 1995. Flexible materials handling. Apparel Industry Magazine, 56(5):47-49.

Alford D S. 2000. Mass customization：An automotive perspective. International Journal of Production Economics, 65:99-110.

Anton M,Michael Z. 2012. Stochastic optimization of sensor placement for diver detection. Operations Research,60(2):292-312.

Beamon B. 1998. Performance, reliability, and performability of material handling systems. International Journal of Production Research, 36(2):377-393.

Beamon B M,Chen V C P. 1998. Performability-based fleet sizing in a material handling system. The International Journal of Advanced Manufacturing Technology, 14:441-449.

Beason M. 1999. Here's a new material handling solution. Textile World, 149(2):61-63.

Bock S R, Rosenberg O. 2000. Supporting an efficient mass customization by planning adaptable assembly lines. Proceedings of the International ICSC Congress on Intelligent Systems and Applications ISA, 2:944-951.

Boland P J, Proschan F. 1983. The reliability of k-out-of-n systems. The Annals of Probability, 11(3):760-764.

Borenstein J, Everett H R, Feng L,et al. 1997. Mobile robot positioning: sensors and techniques. Journal of Robotic Systems, 14 :231-249.

Carr R D, Greenberg H J, Hart W E, et al. 2006. Robust optimization of contaminant sensor placement for community water systems. Mathematic Programming Series B, 107:337-356.

Cardarelli G, Pelagagge P M, Granito A. 1996. Performance analysis of automated interbay material-handling and storage systems for large wafer fab. Robotics and computer-integrated manufacturing, 12(3):227-234.

Chan　F T S, Ip R W L, Lau　H. 2001. Integration of expert system with analytic hierarchy process for the design of material handling equipment selection system. Journal of Materials Processing Technology, 116(2): 137-145.

Chakrabarty K, Iyengar S S,Qi H, et al. 2002.Grid coverage for surveillance and target location in distributed sensor networks. IEEE Transactions on Computers, 51(12):1448-1453.

Chakraborthy S B,Banik D. 2006. Design of a material handling equipment selection model using analytic hierarchy process. International Journal of Advanced Manufacturing Technology, 28:1237-1245.

Chen G, Zhu Z, Zhou G,et al. 2008. Sensor deployment strategy for chain-type wireless underground mine sensor network. Journal of China University of Mining and Technology,18: 561-566.

Cheung W. 2005. A study of material handling system for apparel industry. M. Phil. Thesis,Industrial Engineering and Engineering Management, Hong Kong University of Science and Technology.

Chin K S, Pun K F, Lau H, et al. 2004. Adoption of automation systems and strategy choices for Hong Kong apparel practitioners. International Journal of Advanced Manufacturing Technology, 24(3):229-240.

Chittratanawat S N. 1999. An integrated approach for facility layout,P/D locations and mate-rial handling system design. International Journal of Production Research, 37(3):683-706.

Cho C,Egbelu P J. 2000. Design of a web-based integrated material handling system for manufacturing applications. International Journal of Production Research, 43(2):375-403.

Chiu P, Lin F Y. 2011. A Lagrangian relaxation based sensor deployment algorithm to optimize quality of service for target positioning. Expert Systems with Applications, 38: 3613-3625.

Clouqueur T, Phipatanasuphorn V, Ramanathan P,et al. 2003. Sensor deployment strategy for target detection. First ACM International Workshop on Wireless Sensor Networks and Applications, 48(8):42-48.

Coley D A. 1999. An introduction to genetic algorithms for scientists and engineers.New Jersey:World Scientific.

Colledani M, Terkaj W, Tolio Ţ, et al. 2008. Development of a conceptual reference framework to manage manufacturing knowledge related to products, processes and production systems methods and tools for effective knowledge life-cycle-management// Bernard A, Tichkiewitch S. Springer Berlin Heidelberg.

Dai J B,Lee N K S,Cheung W S. 2009. Performance analysis of flexible material handling systems for the apparel industry. International Journal of Advanced Manufacturing Technology, 44(12):1219-1229.

Dai J B, Lee N K S. 2012. Economic feasibility justification of flexible material handling systems: a case study in the apparel industry. International Journal of Production Economics,136: 28-36.

Dai J B,Fu Q,Lee N K S. 2013a. Beacon placement strategies in the ultrasonic positioning system. IIE Transactions,45:477-493.

Dai J B,Fu Q, Lee N K S. 2013b. Effect of beacon orientation on beacon placement strategies in the ultrasonic positioning system. Robotics and Autonomous Systems, 61 :648-658.

Datamonitor. 2007. Consumer durables and apparel industry profile: global. Retrieved April 6, 2008 from Business Source Premier Database.

Datta S, Ray R, Banerji D. 2008. Development of autonomous mobile robot with manipulator for manufacturing environment. The International Journal of Advanced Manufacturing Technology , 38(5–6):536-542.

Davis S M. 1987. Future Perfect. Boston: Addison Wesley.

Devise O, Pierreval H. 2000. Indicators for measuring performances of morphology and material handling systems in flexible manufacturing systems. Inter-national Journal of Production Economics, 64:209-218.

Dhillon S S,Chakrabarty K. 2003. Sensor placement for effective coverage and surveillance in distributed sensor networks. Proceedings of the Wireless Communications and Networking Conference:1609-1614.

Dhillon S S,Iyengar S S. 2002. Sensor placement for grid coverage under imprecise detections.

Proceedings of the Fifth International Conference on Information Fusion, 2:1581-1587.

Egbelu P J, Tanchoco J M A. 1984. Characterization of automatic guided vehicle dispatching rules. International Journal of Production Research, 22(3):359-374.

Fisher E L, Farber J B, Kay M G.1988. Mathes: An expert system for material handling equipment selection. Engineering Costs and Production Economics, 14(4):297-310.

Fogarty D W. 1992. Work in process: performance measures. International Journal of Production Economics,26(1-3):169-172.

Fonseca D U, Uppal G, Greene T J. 2004. A knowledge-based system for conveyor equipment selection. Expert Systems with Applications, 26:615-623.

Fulkerson B. 1997. A response to dynamic change in the market place.Decision Support Systems, 199-214.

Meyers F E, Stephens M P. 2002. Manufacturing Facilities Design And Material Handling. 北京:清华大学出版社: 12-15.

Gartland K. 1999. Automated Material Handling System (AMHS) Framework User Requirements Document: Version 1.0 International SEMATECH,Technology.

Galetto M,Pralio B. 2010. Optimal sensor positioning for large scale metrology applications. Precision Engineering,34 :563-577.

Gopalaswamy R.2001. Managing Global Software Projects. New Delhi:Tata McGraw Hill: 226-267.

Gue K R, Meller R D.2009. Aisle configurations for unit-load warehouses. IIE Transactions, 41:171-182.

Harrison D S, Sullivan W G. 1996. Activity-based accounting for improved product costing. Journal of Engineering Valuation and Cost Analysis, 1:56-64.

Hefeeda M, Ahmadi H. 2010. Energy efficient protocol for deterministic and probabilistic coverage in sensor networks. IEEE Transactions on Parallel Distribution System, 21(5): 579-593.

Hill J E. 2015-05-10. A study of the cost and benefits of a unit production system versus the progressive bundle system. http://handle.dtic.mil/100.2/ADA299226.

HKTDC. 2015-05-10. Industry focus garments: clothing. http://garments.hktdc.com/content. aspx?data=garments_content_en&contentid=173975&w_sid=194&w_pid=679&w_nid=11802&w _cid=1&w_idt=1900-01-01.

Ioannou G, Sullivan W G.1999. Use of activity-based costing and economic value analysis for the justification of capital investments in automated material handling systems. International Journal of Production Research, 37(9):2109-2134.

Ip W H,Fung R, Keung K W. 1999. An investigation of stochastic analysis of flexible manufacturing systems simulation. The International Journal of Advanced Manufacturing Technology, 15:244-250.

Isler V. 2006. Placement and distributed deployment of sensor teams for triangulation based localization. Proceedings of the IEEE International Conference on Robotics and Automation: 3095-3100.

Jawahar N, Aravindan P, Ponnambalam S G,et al. 1998. AGV schedule integrated with production in flexible manufacturing systems. The International Journal of Advanced Manufacturing Technology, 14:428-440.

Kahraman C, Tolga E, Ulukan Z. 2000. Justification of manufacturing technologies using fuzz benefit/cost ratio analysis. International Journal of Production Economics, 66: 45-52.

Kim J G, Goetschalckx M . 2005. An integrated approach for the concurrent determination of the block layout and the input and output point locations based on the contour distance. International Journal of Production Research,43(10):2027-2047.

Kim K E, Eom J K. 1997. Expert system for selection of material handling and storage systems. International Journal of Industrial Engineering,4:81-89.

Kolodziej K W, Hjelm J. 2006. Local Positioning Systems: LBS Applications and Services. New York:Taylor and Francis Group,LLC.

Kulak O. 2005. A decision support system for fuzzy multi-attribute selection of material handling equipments. Expert systems with applications, 29(2): 310-319.

Lashkari R S, Boparai R, Paulo T. 2004. Towards an integrated model of operation allocation and material handling selection in cellular manufacturing systems. International Journal of Production Economics , 87: 115-139.

Laguna M, Roa J O, Jiménez A R,et al. 2009. Diversified local search for the optimal layout of beacons in an indoor positioning system. IIE Transactions, 41(3): 247-259.

Lee H,Ozer O. 2007. Unlocking the value of RFID. Production and Operations Management, 16(1): 40-64.

Lee H B. 1975. Novel procedure for assessing the accuracy of hyperbolic multilateration systems. IEEE Transactions on Aerospace and Electronic Systems AES, 11(1):2-15.

Lee N K S,Dai J B. 2011. Designing and planning of material handling systems for mass customization//Mass Customization. Part III. Springer Series in Advanced Manufacturing: 219-246.

Lee S E,Chen J C. 1999. Mass-customization methodology for an apparel industry with a future. Journal of Industrial Technology, 16(1): 2-8.

Lee S E,Kunz G, Fiore A,et al. 2002. Acceptance of mass customization of apparel: merchandising issues associated with preference for product, process and place. Journal of Clothing and Textiles Research, 20(3):138-146.

Lei D, Li J, Liu Z. 2012. Supply chain contracts under demand and cost disruptions with asymmetric information. International Journal of Production Economics, 139(1): 116-126.

Liang W, Xu Y, Shi J,et al. 2012. Aggregate node placement for maximizing network lifetime in sensor networks. Wifeless Communications and Mobile Computing, 12(3):219-235.

Lin H, Taylor P M, Bull S J .2007. Modeling of contact deformation for a pinch gripper in automated material handling. Math Computer Model,46(11–12):1453-1467.

Li X, Ouyang Y. 2012. Reliable traffic sensor deployment under probabilistic disruptions and generalized surveillance effectiveness measures. Operations Research, 60(5):1183-1198.

Lu R,Gross L. 2001. Simulation modeling of a pull and push assemble-to-order system. The European Operational Research Conference, Rotterdam, The Netherlands.

Ma G, Wang Z. 2008. Sensor placement for sensing coverage and data precision in wireless sensor networks. System Simulation Techno logy,4(2):98-101.

Mackulak G T, Lawrence F P, Colvin T. 1998. Effective simulation model reuse: a case study for AMHS modeling. Simulation Conference Proceedings, 2:979-984.

Mahajan A, Figueroa F .1999. Automatic self-installation and calibration method for a 3D position sensing system using ultrasonics. Robot Auton System, 28(4):281-294.

Maione B,Semeraro Q,Turchiano B. 1986. Closed analytical formulae for evaluating flexible manufacturing system performance measures. International Journal of Production Re-search,24(3):583- 592.

Malmborg C J, Agee M H, Simons G R, et al. 1987. Selection of material handling equipment alternatives for computer integrated manufacturing systems using artificial intelligence. Industrial Engineering, 19(3):58-64.

Marengoni M, Draper B A, Hanson A,et al. 2000. System to place observers on a polyhedral terrain in polynomial time. Image and Vision Computing, 18(10):773-780.

Martorell S, Snchez A, Carlos S, et al. 2004. Alternatives and challenges in optimizing industrial safety using genetic algorithms. Reliability Engineering and System Safety, 86:25-38.

Massa D P. 1999. Choosing an ultrasonic sensor for proximity or distance measurement Part 1: Acoustic considerations. Sensors,16(3):28-42.

Matson J O, Mellichamph J M, Swaminathan S R.1992. EXCITE: Expert consultant for in-plant transportation equipment. International Journal of Production Research, 30(8):1969-1983.

Maurizio G , Barbara P. 2010. Optimal sensor positioning for large scale metrology applications. Precision Engineering,34: 563-577.

Mauro C, Prabhakar R P. 2011. Optimal location of mouse sensors on mobile robots for position sensing. Automatica,47:2267-2272.

Meredith J R, Suresh N C. 1986. Justification techniques for advanced manufacturing technologies. International Journal of Production Research, 24:1043-1057.

Muller T .1983.Automated Guided Vehicles. UK:IFS Publications.

O'Rourke J. 1987. Art Gallery Theorems and Algorithms. New York:Oxford University Press.

Osais Y, St-Hilaire M, Yu F R. 2008. The minimum cost sensor placement problem for directional wireless sensor networks. IEEE Vehicular Technology Conference, art. no. 4657121.

Paraschidis K,Fahantidis N,Petridis V,et al. 1994. Robotic system for handling textile and non rigid flat materials. Computers in Industry,26(3):303-313.

Pierce B A, Stafford R. 1994. Modeling and simulation of material handling for semiconductor wafer fabrication//Tew J D, Manivannan S, Sadowski DA, et al. Proceedings of the 1994 Winter Simulation Conference. Lake Buena Vista, FL, USA: 900-906.

Pine B J. 1993. Mass Customization: the New Frontier in Business Competition. Boston: Harvard Business Press.

Qiao G, McLean C, Riddick F. 2002. Simulation system modeling for mass customization manufacturing. Proceedings of the 2002 Winter Simulation Conference. San Diego, CA.

Rao R. 2006. A decision-making framework model for evaluating flexible manufacturing systems using digraph and matrix methods. The International Journal of Advanced Manufacturing Technology, 30:1101-1110.

Ragunathan S, Karunamoorthy L. 2006. Modeling and dynamic analysis of reconfigurable robotic gripper system for handling fabric materials in garment industries. J Advance Manufacturing System,5(2):233-254.

Ray P K, Mahajan A. 2002. A genetic algorithm-based approach to calculate the optimal configuration of ultrasonic sensors in a 3D position estimation system. Robotics and Autonomous Systems,41 (4) :165-177.

Rembold B, Tanchoco J M A. 1994. Material flow system model evaluation and improvement. International Journal of Production Research, 32(11):2585-2602.

Roa J O, Jimenez A R, Seco F, et al. 2007. Optimal placement of sensors for trilateration: regular lattices vs. metaheuristic solutions. Lecture Notes in Computer Science, 47(39):780-787.

Saad S M, Byrne M D. 1998. Comprehensive simulation analysis of a flexible hybrid assembly system. Integrated Manufacturing Systems, 9(3):156.

Savory P A, Mackulak G T,Cochran J K. 1991. Material handling in a flexible manufacturing system Processing Part Families. Proceedings of the 1991 Winter Simulation Conference: 75-381.

Sedehi M S,Farahani R Z. 2009. An integrated approach to determine the block layout, AGV flow path and the location of pick-up/delivery points in single-loop systems. International Journal of Production Research, 47(11): 3041-3061.

Sergei P, Anton M, Michael Z, et al. 2008. Optimal sensor placement for underwater threat detection. Naval Research Logistics, 55:684-699.

Shalom Y B,Li X R, Kirubarajan T. 2001. Estimation with Applications to Tracking and Navigation: Theory,Algorithms and Software.New York:Wiley.

Shirley P A. 1989. Introduction to ultrasonic sensing. Sensors, 6(11): 10-18.

Siegel D, Ardakani H D, Lee J,et al. 2014. A review of predictive monitoring approaches and algorithms for material handling systems. International Journal of Advanced Logistics,3(3): 87-99.

Sigrun A. 1998. A review of simulation optimization techniques. Proceedings of the 1998 Winter Simulation Conference: 151-158.

Silveira D B. 2001. Mass customization: Literature review and research directions. International Journal of Production Economics,72(1):1-13.

Sinriech D, Shoval S. 2000. Landmark configuration for absolute positioning of autonomous vehicles. IIE Transactions, 32: 613-624.

Smith J. 2003. Survey on the use of simulation for manufacturing system design and operation. Journal of Manufacturing Systems, 22(2):157-171.

Sonia M, Francesco B. 2006. Optimal sensor placement and motion coordination for target tracking. Automatica,42:661-668.

Steuer R E. 1986. Multiple Criteria Optimization: Theory, Computation and Application. New York:Wiley.

Sujono S, Lashkari R S. 2007. A multi-objective model of operation allocation and material handling system selection in FMS design. International Journal of Production Economics, 105:116-133.

Sule D. 1994. Manufacturing Facilities: Location, Planning and Design. Boston: PWS Publishing.

Tait N. 1996. Materials handling in the garment factory. Apparel International, 27(5):20-22.

Tait N.2004. How to reduce: Materials handling costs. Apparel , 45(10):28-32.

Tait N.2007. How to cut down on handling time. Fashion Business International, Apr–May: 52-55.

Tekdas O,ISler V. 2007. Sensor placement algorithms for triangulation based localization. IEEE International Conference on Robotics and Automation: 10-14.

Terkaj W, Tolio T, Valente A. 2009a. A Review on Manufacturing Flexibility. Design of flexible production systems: methodologies and tools. Springer: 41-61.

Terkaj W, Tolio T, Valente A. 2009b. Focused Flexibility in Production Systems// ElMaraghy H A. Changeable and Reconfigurable Manufacturing Systems. Springer London: 47-66.

Tian X, Huang L, Jia X, et al. 2008. Exploring Parameterised Process Planning for Mass Customisation// Yang X, Jiang C, Eynard B, et al. Advanced Design and Manufacture to Gain a Competitive Edge. Springer London: 643-652.

Tom M C,Whitney A C,Enrique del Castillo,et al. 2007. A heuristic algorithm for minimax sensor location in the plane. European Journal of Operational Research, 183: 42-55.

Tompkins J A, White J A, Bozer Y A, et al. 1994. Facilities Planning.2nd edn. New York: John Wiley & Sons Inc.

Toffler A. 1984.Future Shock. Portland：Bantam Press.

Tompkins J A,White J A,Bozer Y A,et al. 2002. Facilities Planning. New York: Wiley.

Usher J S, Kamal A H, Kim S W. 2001. A decision support system for justification of material handling investments. Computers and Industrial Engineering, 39: 35-47.

Vahab A, Christian G, Marc P, et al. 2013. Probabilistic sensing model for sensor placement optimization based on line-of-sight coverage. IEEE Transactions on Instrumentation and Measurement, 62(2): 293-303.

Viswanadham N,Narahari Y. 1992. Performance Modeling of Automated Manufacturing Systems. New Jersey：Prentice-Hall,Englewood Cliffs.

Wei C, Li Y, Cai X. 2011. Robust optimal policies of production and inventory with uncertain returns and demand. International Journal of Production Economics, 34(2):357-367.

Witt C E. 1995. Automated material handling: Breakthrough in textile industry. Material Handling Engineering, 50(1):48-51.

Wong W K,Leung S Y S,Au K F. 2005. Real-time GA-based rescheduling approach for the pre-sewing stage of an apparel manufacturing process. International Journal of Advanced Manu-facturing Technology, 25(1-2):180-188.

Wong W K, Mok P Y, Leung S Y S. 2006. Developing a genetic optimization approach to balance an apparel assembly line. International Journal of Advanced Manufacturing Technology, 28(3-4): 387-394.

Xiao T, Qiao Q X, Dong J H. 2001. Implementing strategy and key technologies of mass custo-mization in automotive manufacturing. World Congress on Mass Customization and Persona-lization. Hong Kong University of Science and Technology.

Xu J, Michael P J, Paul S F,et al. 2010. Robust placement of sensors in dynamic water distribution systems. European Journal of Operational Research, 202: 707-716.

Younis M, Akkaya K. 2008. Strategies and techniques for node placement in wireless beacon networks: a survey. Ad Hoc Networks, 6(4): 621-655.

Zhang J, Qin W, Wu L H . 2016. A performance analytical model of automated material handling system for semiconductor wafer fabrication system. International Journal of Production Research, 54(6): 1650-1669.